WESTEND

AF844406

© Javier Pedreira

Lynn Margulis war Professorin für Biologie an der University of Massachusetts in Amherst und Co-Direktorin des Planetary Biology Internship der NASA. Sie gehörte viele Jahre der National Academy of Sciences der USA an und hat zahlreiche wissenschaftliche Auszeichnungen erhalten. Sie ist 2011 verstorben.

Lynn Margulis

DER SYMBIOTISCHE PLANET

ODER

Wie die Evolution wirklich verlief

Übersetzt von Sebastian Vogel

WESTEND

Originaltitel: Symbiotic Planet
Aus dem Englischen übersetzt von Sebastian Vogel
Englische Originalausgabe erschienen bei Weidenfeld & Nicolson/
Orion Publishing Group Ltd., London;
amerikanische Originalausgabe erschienen bei Basic Books., New York
© 1998 Lynn Margulis

Mehr über unsere Autoren und Bücher:
www.westendverlag.de

Die Deutsche Nationalbibliothek verzeichnet diese Publikation in der Deutschen Nationalbibliografie; detaillierte bibliografische Daten sind im Internet über http://dnb.d-nb.de abrufbar.

Das Werk einschließlich aller seiner Teile ist urheberrechtlich geschützt. Jede Verwertung ist ohne Zustimmung des Verlags unzulässig. Das gilt insbesondere für Vervielfältigungen, Übersetzungen, Mikroverfilmungen und die Einspeicherung und Verarbeitung in elektronischen Systemen.

MIX
Papier aus verantwortungsvollen Quellen
FSC
www.fsc.org
FSC® C083411

Taschenbuchausgabe 2021
ISBN 978-3-86489-907-2
© Westend Verlag GmbH, Frankfurt/Main 2017
Umschlaggestaltung: Buchgut, Berlin
Satz: Publikations Atelier, Dreieich
Druck und Bindung: CPI – Clausen & Bosse, Leck
Printed in Germany

Inhalt

Prolog

Time does go on –
I tell it gay to those who suffer now –
They shall survive –
There is a sun –
They don't believe it now –

(Die Zeit geht weiter –
Künde ich fröhlich jenen, welche heute leiden –
Sie werden überleben –
Und die Sonne sehen –
Mögen sie es auch jetzt nicht glauben –)[1]

»Mama, was hat das Gaia-Konzept mit deiner Symbiontentheorie zu tun?«, fragte mein 17jähriger Sohn Zach eines Tages nach der Arbeit. Er hatte ursprünglich Ambitionen als Politiker gehabt, arbeitete aber inzwischen ziemlich desillusioniert als Assistent für einen Abgeordneten im Parlament des US-Bundesstaates Massachusetts in Boston und war gerade von dem ermüdenden Versuch, für einen seiner beiden abwesenden Chefs eine Altersheimgesetzgebung zu entwerfen, nach Hause gekommen.

»Nichts«, erwiderte ich sofort, »jedenfalls nicht, dass ich wüsste.« Seither habe ich immer wieder über diese Frage nachgedacht. Das

Buch, das Sie in Händen halten, ist der Versuch einer Antwort. Es befasst sich hauptsächlich mit den beiden großen wissenschaftlichen Themen, die mich mein gesamtes Berufsleben begleitet haben –, der seriellen Endosymbiontentheorie (SET) und Gaia sowie ihrer Beziehung zueinander.

Zachs Frage, wie Symbiose und Gaia zusammengehören, lässt sich sehr treffend mit einer witzigen Bemerkung meines ausgezeichneten früheren Studenten Greg Hinkle beantworten, der heute Professor an der University of Massachusetts in South Dartmouth ist. Bevor Greg seinen Doktor machte, war er der Überzeugung und lehrte, dass Symbiose einfach das Zusammenleben von Lebewesen unterschiedlicher Arten in körperlichem Kontakt sei. Die Partner der Symbiose, die Symbionten, sind einander in Treue verbunden: Sie befinden sich zur gleichen Zeit am gleichen Ort, berühren sich unmittelbar oder leben sogar ineinander. Die Vorstellung von »Gaia« – der alte griechische Name für die Mutter Erde – geht davon aus, dass die Erde lebendig ist. Nach der Gaia-Hypothese, die von dem englischen Chemiker James E. Lovelock formuliert wurde, werden verschiedene Eigenschaften der atmosphärischen Gase, der Oberflächengesteine und des Wassers durch Wachstum, Tod, Stoffwechsel und andere Aktivitäten aller Lebewesen reguliert. Greg witzelte: »Gaia ist einfach Symbiose vom Weltraum aus gesehen« – alle Lebewesen stehen miteinander in Berührung, weil sie alle von der gleichen Luft und dem gleichen Wasser umspült werden. Die Gründe, warum Greg meiner Überzeugung nach recht hat, werden auf den folgenden Seiten ausführlich erläutert.

Wenn Sie aus diesem Buch etwas über Symbiose und die Gaia-Theorie im Zusammenhang mit radikalen neuen Ansichten über das Leben erfahren, ist das vier glücklichen Umständen zu verdanken: erstens Zachs Frage; zweitens den Beiträgen von Dorion Sagan zur Qualität meines Denkens und Schreibens[2]; drittens

Lois Brynes, die dieses Manuskript mit vorausschauender Redlichkeit und peinlich genauem künstlerischem Geschmack hinterfragte, neu gliederte und umstrukturierte[3]; und schließlich der notwendigen Beharrlichkeit von William Frucht von Basic Books, der auf eine konzentrierte Organisation und weniger hemmungsloses Erzählen drängte. Mit einem so intelligenten, neugierigen und zu Recht kritischen Lektor zu arbeiten ist immer wieder eine Freude.

Dieses Buch handelt vom Leben auf unserem Planeten, seiner Evolution und davon, wie sich unsere Ansichten dazu gewandelt haben. Wenn ich ihm einen Untertitel geben sollte, dann wäre es die Forschung, und zwar insbesondere die naturwissenschaftliche Forschung, mit ihren zahlreichen Wendemanövern und festen Regeln, die sie voranbringen oder hemmen können. Viele Umstände tragen insgeheim dazu bei, dass manche wissenschaftlichen Entdeckungen wieder verloren gehen, insbesondere solche, die an geheiligten Normen unserer Kultur kratzen. Unsere Spezies hängt an der vertrauten, tröstlichen Gleichförmigkeit der gewohnten Denkweisen. Und die »Konventionen« sind tiefer verwurzelt, als wir gemeinhin zugeben. Selbst wenn wir für eine bestimmte Philosophie oder Denkrichtung nicht einmal den richtigen Namen kennen und kaum etwas über ihre Geschichte wissen, ist doch jeder von uns in seiner eigenen, sicheren »Wirklichkeit« verwurzelt. Unser Weltbild prägt das, was wir sehen, und die Art und Weise, wie wir etwas lernen. Jede Idee, die wir als Tatsache oder Wahrheit akzeptieren, ist in ein umfassendes Denkgebäude eingebettet, dessen wir uns in der Regel nicht bewusst sind. Solche kulturell bedingten Beschränkungen kann man »erlernte Unfähigkeiten«, »kollektives Denken« oder »soziale Konstruktionen der Wirklichkeit« nennen. Wie auch immer man die beherrschenden Eingrenzungen, die über unsere Sichtweisen bestimmen, bezeichnen mag – sie betreffen jeden von uns, auch Naturwissenschaftler. Alle sind in ihrer Wahrnehmung mit ausgeprägten sprachlichen, nationalen, regionalen und generationsbedingten Schranken belastet. Wie jeder andere Mensch, so wird auch der Naturwissenschaftler in seinem Verhalten von unbewussten Vorurteilen beeinflusst, die unmerklich das Denken lenken.

Eine solche weitverbreitete, unausgesprochene Annahme betrifft die »Große Seinskette«: Sie definiert die altehrwürdige Stellung des Menschen als Mittelpunkt des Universums – unter Gott und über den Gesteinen. Diese anthropozentrische Vorstellung beherrscht das religiöse Denken, selbst das Denken derjenigen, die nach eigener Auskunft Religion ablehnen und eine naturwissenschaftliche Weltanschauung an ihre Stelle gesetzt haben. Für die alten Griechen verband die Seinskette eine Fülle von Göttern am oberen Ende zunächst mit Männern, dann Frauen, Sklaven, Tieren und Pflanzen. Das letzte Glied bildete ein Nährboden aus Gestein und Mineralien. Die jüdisch-christliche Version erlaubte eine leichte Abwandlung: Die Menschen standen über den Tieren, aber ein wenig unter den Engeln. Und die unumstrittene, offenkundige Spitze bildete natürlich der Allmächtige[4].

Diese Vorstellungen werden von der naturwissenschaftlich geprägten Weltanschauung als veralteter Unsinn abgetan. Alle heutigen Lebewesen sind gleichermaßen aus der Evolution hervorgegangen. Alle haben eine mehr als drei Milliarden Jahre lange Entwicklung aus bakterienartigen gemeinsamen Vorfahren hinter sich. Es gibt keine »höheren« Wesen, keine »niederen Tiere«, keine Engel und keine Götter. Der Teufel ist wie der Weihnachtsmann ein nützlicher Mythos. Selbst die »höheren« Primaten, die Klein- und Menschenaffen, sind trotz ihres Namens (vom lateinischen *primus,* »der Erste«) nichts Höheres. Wir von der Spezies *Homo sapiens* und unsere Verwandten unter den Primaten sind nichts Besonderes, sondern nur Neuankömmlinge auf der Bühne der Evolution. Die Ähnlichkeiten zwischen dem Menschen und anderen Lebensformen sind viel auffälliger als die Unterschiede. Unsere engen Verbindungen aus gewaltigen erdgeschichtlichen Zeiträumen sollten in uns nicht Widerwillen, sondern Ehrfurcht wecken.

Als Spezies fürchten wir immer noch das Exzentrische, das außerhalb der »Norm« Gelegene, in unserem Bild von uns selbst. Trotz oder vielleicht auch wegen Darwin verstehen wir in unserem Kulturkreis die Wissenschaft der Evolution eigentlich immer noch nicht. Wenn Naturwissenschaft und Kultur aufeinanderprallen, trägt die Kultur stets den Sieg davon. Die Evolutionsforschung sollte viel besser verstanden werden. Ja, wir Menschen sind tatsächlich aus der Evolution hervorgegangen, aber sie begann nicht erst beim Affen oder auch bei den Säugetieren. Wir haben uns aus einer langen Reihe von Vorläufern und letztlich aus den allerersten Bakterien entwickelt.

Der größte Teil der Evolution hat sich in jenen Lebewesen abgespielt, die wir als »Mikroben« abtun. Wie wir heute wissen, hat sich alles Leben aus den kleinsten Lebensformen, den Bakterien, entwickelt. Diese Tatsache muss uns nicht unbedingt angenehm sein. Mikroben und insbesondere Bakterien werden gewöhnlich als Feinde betrachtet und als Keime verunglimpft. Doch zu den Mikroben gehören all jene Lebewesen – Algen, Bakterien, Hefen und so weiter –, die man unter einem Mikroskop genauer erkennen kann als mit dem bloßen Auge, dem sie sich lediglich als Schmiere oder Schleim präsentieren. Ich behaupte: Wir Menschen sind, wie alle anderen Affen, nicht das Werk Gottes, sondern das Ergebnis der Milliarden Jahre währenden Wechselwirkungen zwischen höchst reaktionsfähigen Mikroben. Dies klingt für manche Menschen beunruhigend. Dem einen oder anderen erscheint das gar als beängstigende Nachricht aus der Welt der Wissenschaft, einer Informationsquelle, die es abzulehnen gilt. Ich finde sie faszinierend: Sie spornt mich an, mehr in Erfahrung zu bringen.

1 Symbiose überall

A Bee his burnished Carriage
Drove boldly to a Rose – Combinedly alighting –
Himself –

(Die leuchtend Last trug eine
Biene kühn zur Rose hin –
Wo sie gemeinsam dann mit ihr –
Sich niederließ –)

Symbiose – ein System aus Lebewesen verschiedener Arten, die in engem körperlichen Kontakt leben – erscheint uns als ein spezielles wissenschaftliches Konzept und als ein spezifischer biologischer Fachausdruck. Das liegt daran, dass wir uns ihrer großen Verbreitung nicht bewusst sind. Nicht nur unser Darm und unsere Augenwimpern sind dicht mit bakteriellen und tierischen Symbionten besetzt; auch wenn man sich im eigenen Garten oder im Stadtpark umsieht, sind sie allgegenwärtig, fallen aber nicht sofort ins Auge. Klee und Wicken, zwei verbreitete Pflanzen, haben an ihren Wurzeln kleine Knöllchen. Dort befinden sich die stickstofffixierenden Bakterien, die für ein gesundes Wachstum in stickstoffarmen Böden unentbehrlich sind. Schauen wir uns die Bäume an – den Ahorn oder die Eiche beispielsweise.

Bis zu dreihundert verschiedene symbiontische Pilze, darunter auch solche, die wir als große Pilze kennen, sind als sogenannte Mycorrhiza mit den Baumwurzeln eng verwoben. Oder nehmen wir den Hund, der die in seinem Darm lebenden symbiontischen Würmer in der Regel nicht bemerkt. Wir sind Symbionten auf einem symbiontischen Planeten, und wenn wir genau hinschauen, finden wir überall Symbiose. Für viele verschiedene Arten von Leben ist dieser körperliche Kontakt unentbehrliche Lebensbedingung.

Praktisch alles, womit ich mich heute befasse, wurde bereits von unbekannten Gelehrten oder Naturforschern vorweggenommen. Einer meiner wichtigsten wissenschaftlichen Vorgänger verstand und erklärte die Rolle der Symbiose in der Evolution eingehend. Der Anatom Ivan E. Wallin (1883–1969) von der University of Colorado legte in einem ausgezeichneten Buch dar, dass neue Arten durch Symbiose entstehen. Der evolutionstheoretische Begriff *Symbiogenese* bezeichnet den Ursprung neuer Gewebe, Organe, Organismen – ja sogar Arten – durch das Eingehen langfristiger oder ständiger Symbiosen. Wallin benutzte das Wort *Symbiogenese* nicht, aber die Idee war ihm vollkommen geläufig. Besonderes Augenmerk richtete er auf die Symbiose von Tieren mit Bakterien, einen Vorgang, den er als »Entstehung mikro-symbiontischer Komplexe« oder »Symbiontizismus« bezeichnete. Das ist sehr wichtig. Darwin gab seinem Hauptwerk zwar den Titel *Über die Entstehung der Arten,* aber mit dem Auftauchen neuer Arten befasst sich sein Buch in Wirklichkeit kaum[1].

Symbiose – hier stimme ich völlig mit Wallin überein – ist von entscheidender Bedeutung, wenn man Neuentwicklungen in der Evolution und die Entstehung der Arten verstehen will. Ich bin sogar überzeugt, dass der Begriff der Art als solcher Symbiose erfordert. Bei Bakterien gibt es keine Arten[2]. Arten existierten nicht, bevor Bakterien sich zu größeren Zellen zusammentaten, unter anderen zu den Vorläufern aller heutigen Pflanzen und Tiere. In diesem Buch werde ich zeigen, wie langfristige Symbiose zunächst zur Evolution komplexer Zellen mit einem Zellkern und von dort zur Entstehung anderer Lebewesen wie Pilzen, Pflanzen und Tieren führte.

Dass Tier- und Pflanzenzellen ursprünglich durch Symbiose entstanden sind, ist heute nicht mehr umstritten. Dieser Aspekt meiner Theorie der Zellsymbiose wurde durch die Molekularbiologie und insbesondere durch die Sequenzierung von Genen bestätigt. Dass Bakterien als Plastiden und Mitochondrien dauerhaft in Pflanzen- und Tierzellen aufgenommen wurden, ist der Teil meiner seriellen Endosymbiontentheorie, die sich heute sogar in Schulbüchern wiederfindet. Aber in vollem Umfang wird die Bedeutung der symbiontischen Sichtweise für die Evolution noch nicht gewürdigt. Und die Vorstellung, neue Arten könnten durch symbiontische Verschmelzung aus den Angehörigen alter Arten entstehen, wird in Gesellschaft »anständiger« Wissenschaftler noch nicht einmal diskutiert.

Ein Beispiel: Einmal fragte ich den beredten, sympathischen Paläontologen Niles Eldredge, ob ihm ein Fall bekannt sei, in dem die Bildung einer neuen Art dokumentiert ist. Ich sagte ihm, sein Beispiel dürfte aus Labor, Freiland oder der Beobachtung von Fossilfunden abgeleitet sein. Er konnte nur ein gutes Beispiel anführen: die Experimente von Theodosius Dobzhansky mit der Taufliege *Drosophila*. In jenen faszinierenden Versuchen kam es bei Taufliegenpopulationen, die man bei stetig steigenden Temperaturen ausgebrütet hatte, zu einer genetischen Trennung: Nach etwa zwei Jahren konnten die Fliegen, die in wärmerer Umgebung herangewachsen waren, mit ihren Vettern aus dem kälteren Umfeld keine fruchtbaren Nachkommen mehr zeugen. »Aber«, so fügte Eldredge schnell hinzu, »es stellte sich heraus, dass das etwas mit einem Parasiten zu tun hatte!« Tatsächlich entdeckte man

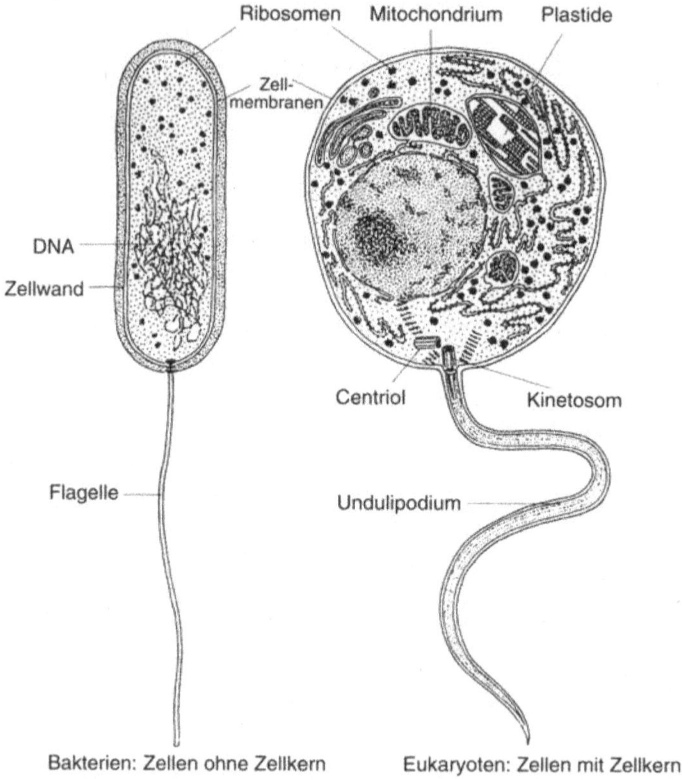

Eine Prokaryotenzelle und eine Eukaryotenzelle im Vergleich; Zeichnung von Christie Lyons.

später, dass den in warmer Umgebung geschlüpften Fliegen ein in den Zellen lebendes, symbiontisches Bakterium fehlte, das bei denen in niedrigeren Temperaturen aufgewachsenen Tieren vorhanden war. Eldredge tat diese Beobachtung der Artbildung verächtlich ab, weil dabei die Symbiose mit Mikroorganismen im

Spiel war! Er hatte wie wir alle gelernt, dass Mikroben Keime sind, und wenn Keime auftreten, hat man keine neue Art, sondern eine Krankheit. Und er hatte auch gelernt, dass die Evolution durch natürliche Selektion in der Anhäufung von Mutationen einzelner Gene über die Erdzeitalter hinweg besteht.

Ironie des Schicksals: Niles Eldredge ist zusammen mit Stephen Jay Gould Urheber der Theorie des »unterbrochenen Gleichgewichts« *(punctuated equilibrium).* Nach Ansicht beider zeigen Fossilfunde, dass die Evolution während der meisten Zeit stillsteht und sich dann plötzlich beschleunigt: In den Fossilpopulationen spiegeln sich schnelle Veränderungen während relativ kurzer Zeiträume wider, und danach tritt für längere Perioden eine »Stasis« ein. Aus der langfristigen Sicht der erdgeschichtlichen Zeiträume sind Symbiosen wie Lichtblitze der Evolution. Nach meiner Überzeugung trägt die Symbiose als Quelle entwicklungsgeschichtlicher Neuentwicklungen dazu bei, die Beobachtung des »unterbrochenen Gleichgewichts«, das heißt der plötzlichen Sprünge in den Fossilfunden, zu erklären.

Die einzigen anderen Lebewesen neben den Taufliegen, bei denen man die Entstehung von Arten im Labor beobachten konnte, gehörten zur Gattung *Amoeba,* und auch hier war Symbiose im Spiel. Symbiose ist eine Art von Lamarckismus. Dieser Begriff erinnert an Jean Baptiste de Lamarck – er galt in Frankreich als der erste Evolutionstheoretiker, seine Theorie wird aber heute meist wegen der »Vererbung erworbener Merkmale« verächtlich abgelehnt. Der einfache Lamarckismus besagt: Lebewesen erben Merkmale, die ihre Eltern durch Umweltbedingungen erworben haben. Durch Symbiogenese dagegen erwerben die Lebewesen keine Eigenschaften, sondern ganze Organismen und natürlich auch deren gesamte Genausstattung! Ich könnte behaupten, was ich oft von meinen französischen Kollegen gehört habe: dass Symbiogenese eine Form von Neo-Lamarckismus ist. Symbiogenese ist entwicklungsgeschichtlicher Wandel durch die Vererbung erworbener Genausstattungen[3].

Lebewesen entziehen sich einer genauen Definition. Sie kämpfen, sie fressen, sie tanzen, sie paaren sich, sie sterben. Am Anfang der mannigfaltigen Fähigkeiten aller großen, vertrauten Lebensformen steht die Symbiose, die Neues schafft. Sie führt unterschiedliche Lebensformen zusammen, und immer aus gutem Grund. Oft vereinigt der Hunger den Räuber mit der Beute oder den Mund mit seinem Opfer, dem photosynthetischen Bakterium oder der Alge. Die Symbiogenese vereint verschiedenartige Individuen zu großen, komplexeren Gebilden. So entstandene Lebensformen sind sogar noch andersartiger als ihre ungleichen »Eltern«. Ständig verschmelzen »Individuen« und passen ihre Fortpflanzung an. Sie bringen neue Populationen hervor, die zu symbiontischen neuen Wesen aus vielen Einzelelementen werden. Diese wiederum organisieren sich auf einer höheren, umfassenderen Integrationsebene zu »neuen Individuen«. Symbiose ist kein nebensächliches oder seltenes Phänomen. Sie ist natürlich und weit verbreitet. Wir leben in einer symbiontischen Welt.

An der Küste der Bretagne im Nordwesten Frankreichs und an den Stränden beiderseits des Ärmelkanals findet sich eine seltsame Art von »Seetang«, die eigentlich gar kein Seetang ist. Aus der Entfernung wirkt er wie hellgrüne Flecken auf dem Sand. Vollgesogen mit Wasser, liegen solche glitzernden Flecken in seichten Pfützen. Nimmt man ein wenig grünes Wasser mit der Hand auf und lässt es durch die Finger fließen, so bemerkt man klebrige Streifen, die wie Tang aussehen. Aber unter einer kleinen Taschenlupe oder einem schwach vergrößernden Mikroskop zeigt sich, dass es sich in Wirklichkeit um grüne Würmer handelt. Diese Massen von sonnenbadenden grünen Würmern können sich – anders als jeder Seetang – im Sand eingraben und verschwinden. Zum ersten Mal wurden sie in den zwanziger Jahren von dem Engländer J. Keeble beschrieben, der den Sommer immer in Roscoff verbrachte. Keeble nannte sie »Pflanzentiere« und illustrierte sie eindrucksvoll auf dem farbigen Titelbild seines Buches *Plant-Animals*. Die Plattwürmer der Art *Convoluta roscoffiensis* sind ganz und gar grün, weil ihr Gewebe dicht mit Zellen von *Platymonas* angefüllt ist; und da die Würmer selbst durchsichtig sind, scheint die grüne Farbe der photosynthetischen Alge *Platymonas* hindurch. Die grünen Algen sind zwar auffällig, dienen aber nicht nur der Verzierung: Sie leben und wachsen, vermehren sich und sterben im Körper der Würmer. Und sie produzieren sogar die Nahrung, die die Würmer »fressen«. Der Mund wird bei den Würmern überflüssig und hat nach dem Schlüpfen der Larve keine Funktion mehr. Das Sonnenlicht fällt auf die Algen in ihrem mobilen Gewächshaus, sodass sie wachsen und sich ernähren können; gleichzeitig scheiden sie Photosyntheseprodukte aus und füttern damit ihren Wirt von innen. Sogar bei der Abfallentsorgung tun die symbiontischen Algen ihrem lebenden Gehäuse einen Gefallen: Sie verwerten die Harnsäure des Wurms und gewinnen daraus Nährstoffe für sich selbst. Algen und Wurm sind ein winziges Ökosystem, das in der Sonne dahinschwimmt. Die beiden Lebewesen sind sogar so innig verbunden, dass sich ohne hochauflösende Mikroskope kaum sagen lässt, wo das Tier aufhört und die Alge anfängt.

Solche Partnerschaften gibt es überall. Die Schnecke *Plachobranchus* beherbergt in ihrem Körper grüne Symbionten, die in so gleichmäßigen Reihen wachsen, als hätte sie jemand gepflanzt. Riesenmuscheln dienen als lebende Gärten und halten die Algen mit ihrem Körper ins Licht. Die im Pazifik heimische *Mastigias* ist eine Qualle ähnlich der Portugiesischen Galeere; ihre Medusoiden treiben zu Tausenden wie kleine grüne Regenschirme dicht unter der Wasseroberfläche durch die Lichtstrahlen[4].

Auch tentakeltragende Süßwasserpolypen *(Hydra)* können weiß oder grün sein, je nachdem, ob ihr Körper mit grünen, photosynthetisch aktiven Partnern angefüllt ist. Sind Hydren Tiere oder Pflanzen? Bei einem grünen Polypen, der von seinen nahrungsproduzierenden Partnern *(Chlorella* genannt) ständig bewohnt wird, ist das schwer zu sagen. Sind Polypen grün, so sind sie symbiontisch. Sie sind zur Photosynthese fähig und können schwimmen, sich bewegen oder an einer Stelle verharren. Sie nehmen am Spiel des Lebens weiterhin teil, weil sie durch Integration Individualität erwerben.

Wir Tiere sind mit allen unseren 30 Millionen Arten aus dem Mikrokosmos hervorgegangen. Die Welt der Mikroben, Quelle von Boden und Luft, gibt auch über unser eigenes Überleben Auskunft. Ein wichtiges Thema im mikrobiellen Drama des mikroskopisch Kleinen ist die Entstehung der Individualität aus den Wechselwirkungen einstmals unabhängiger Akteure.

Ich betrachte den täglichen Lebenskampf unserer nichtmenschlichen Mitbewohner der Erde mit Interesse. Viele Jahre lang machte ich zusammen mit meiner früheren Studentin Lorraine Olendzenski, die heute an der University of Connecticut arbeitet, Videoaufnahmen vom Leben im Mikrokosmos. In jüngerer Zeit arbeiteten wir mit Lois Brynes zusammen, der tatkräftigen früheren Mitdirektorin des New England Science Center in Worcester (Massachusetts). Zusammen mit einer Gruppe sehr begabter Studenten von der University of Massachusetts drehen wir Filme und Videos, mit denen wir anderen Menschen unsere mikroskopisch kleinen Bekannten vorstellen.

Ein Beispiel für entstehende Individualität, das wir kürzlich in Massachusetts entdeckt und neu beschrieben haben, ist *Ophrydium,* ein Schaumbewohner in Teichgewässern, der aus »Geleekugeln« zusammengesetzt zu sein scheint. Unsere Filme zeigen diese »Wasserbälle« in eindrucksvoller Deutlichkeit. Das größere »Individuum«, die grüne Geleekugel, ist aus kleineren, kegelförmigen »Individuen« zusammengesetzt, die sich aktiv kontrahieren. Die

Kegel sind wiederum zusammengesetzt: Grüne *Chlorella-Algen* leben, in dichten Reihen angeordnet, im Inneren von Ciliaten. Jeder der mit der Spitze nach unten orientierten Kegel enthält Hunderte von kugelförmigen Symbionten, den Zellen von *Chlorella*. Diese grüne Alge ist weit verbreitet; in *Ophrydium* sind die Algenzellen gefangen und für die Lebensgemeinschaft der Geleekugel nutzbar gemacht. Jedes »Einzellebewesen« dieser »Art« ist in Wirklichkeit eine Gruppe, ein membranumhülltes Mikrobenpaket, das wie ein Individuum aussieht und sich auch so verhält.

Auch das nahrhafte Getränk Kefir, das aus dem Kaukasus stammt, ist ein symbiontischer Komplex. Kefir enthält körnig geronnene Milch, die in Georgien »Mohammeds Kügelchen« genannt wird. Die Klümpchen sind dichte Pakete aus über 25 verschiedenen Hefe- und Bakterienarten. Jedes besteht aus Millionen Individuen. Aus solchen verschmolzenen Organismen gehen manchmal neue Lebewesen hervor. »Selbständige« Lebensformen haben die Neigung, sich zu verbinden und auf einer höheren Organisationsebene in neuer, größerer Gesamtheit wiederzuerstehen. Nach meiner Vermutung wird es für die Zukunft der Spezies *Homo sapiens* schon sehr bald notwendig sein, sich der Verschmelzung und Vermischung unserer Mitbewohner auf der Erde, die uns im Mikrokosmos vorausgegangen sind, bewusster zu werden. Eines meiner ehrgeizigen Ziele besteht darin, irgendeinen großen Regisseur zu beschwatzen, die Evolutionsgeschichte als Abbild des Mikrokosmos im 42-Millimeter-Format (IMAX oder OMNIMAX) zu filmen und so die Bildung und Lösung spektakulärer Beziehungen im Reich des Lebens zu zeigen.

So wie während der gesamten Erdgeschichte entstehen und vergehen lebende Zusammenschlüsse auch heute noch unverändert. Symbiosen – stabile und flüchtige – sind und bleiben ein beherrschendes Element. Solche Evolutionsgeschichten haben Fernsehsendungen verdient.

2 Entgegen der Lehrmeinung

The hills erect their Purple Heads
The Rivers lean to see
Yet Man has not of all the Throng
A Curiosity

(Der Berg erhebt sein purpurn Haupt
Der Fluss lässt gern sich sehen
Dem Menschen mag bei alledem
Die Neugier wohl vergehen)

Die schmerzhaftesten Gefühle, an die ich mich erinnern kann, hatte ich mit 13 Jahren. Keine berufliche Enttäuschung, keine Zurückweisung in der Liebe hat mich in größere Trübsal und Teilnahmslosigkeit gestürzt. In Ausübung meiner vermeintlichen Rechte als freie Bürgerin verließ ich heimlich die achte Klasse der Laborschule der University of Chicago mit ihrem höchst mäßigen Angebot an potentiellen Verehrern und kehrte an die große staatliche Highschool zurück, an die ich nach meiner eigenen Überzeugung gehörte. Ich weigerte mich, auch nur einen Tag länger in jener Laborschule zu bleiben, wo alles so vertraut und die Algebra so schwierig war.

Ich wohnte damals in der wunderschönen Wohnung meiner Eltern am South Shore Drive und entschied, dass Weglaufen die einzige Lösung sei. Natürlich hatte ich kein Geld, keinen Ort, wohin ich gehen konnte, und einen strengen Stundenplan mit Unterricht und Verpflichtungen. Als mir klar wurde, dass Weglaufen nicht machbar war, die Tage sich in die Länge zogen und es draußen eisig kalt wurde, brütete ich einen Plan aus. Ich war seinerzeit im September, als nur eine einzige Klasse begann, in die vierte Klasse der Laborschule der University of Chicago gekommen, und natürlich wusste ich, dass mich der Wechsel ein Halbjahr zurückgeworfen hatte. Meine Freunde an der staatlichen Schule waren mir ein halbes Jahr voraus. Als meine Trübsal im November oder Dezember ihren Höhepunkt erreichte, gerade als das erste Halbjahr der achten Klasse zu Ende ging, nahm mein Plan Gestalt an. Ich würde die Verwicklungen der Algebra für immer hinter mir lassen und mich zusammen mit meinen alten Highschool-Freunden für die neunte Klasse der Hyde Park High School eintragen, die fünftausend Schüler hatte. Nachdem mein Vater mir in einem hochnotpeinlichen Gespräch nur allzu deutlich klargemacht hatte, dass ich nichts Derartiges tun würde, erkannte ich, dass ich meinen Plan im Untergrund weiter verfolgen musste. Eines schönen Tages Anfang Februar – die Sonne stand tief am Himmel – schwänzte ich die Schule mit dem großartigen Gefühl, mich aus dem harten Griff der Verantwortung befreit zu haben. Ich setzte mich in den Bus und fand das riesige anonyme Büro der chaotischen Stadtschule an der 63. Straße, die sogar von der Polizei überwacht wurde. Ich trug mich für die neunte Klasse ein, für die ich nach meiner eigenen Einschätzung mehr als ausreichend qualifiziert war, und auf die Frage der Schulbeamten erklärte ich, ich hätte die Schule der University of Chicago bis zur achten Klasse besucht, aber dann das Herbsthalbjahr verpasst, und jetzt sei ich gerade mit meinen Eltern von außerhalb der Stadt hierher gezogen.

Etwa zwölf Wochen lang besuchte ich einfach alle Unterrichtsstunden, die für mich vorgesehen waren. Am meisten Spaß hatte ich bei Mrs. Kniazza, einer ausgezeichneten Spanischlehrerin. Meine Leistungen waren die einer Musterschülerin. Meine Eltern hatten natürlich keinen Grund zu der Annahme, ich sei nicht jeden Tag an der Laborschule der University of Chicago, und ich hatte keine Veranlassung, sie aufzuklären. Irgendwann gegen Ende des Frühjahrs erhielt ich eine Mitteilung. Die Hyde Park High School hatte eine Kopie meiner bisherigen Zeugnisse angefordert und erfahren, dass ich die achte Klasse an der University of Chicago gar nicht abgeschlossen hatte. Demnach hätte ich keinerlei Berechtigung, die Hyde Park High School zu besuchen. Man bestellte mich zum Verhör in das Büro des Schuldirektors. Nein, ich hatte die Klasse an der University of Chicago nicht abgeschlossen, aber warum, so meinte ich, hätte ich mir die Mühe machen sollen? Seit der Vorschule an der O'Keefe-Grundschule hatte ich immer im Februar angefangen, und jetzt war ich zu meinen Freunden von der O'Keefe-Schule zurückgekehrt, die mittlerweile die Hyde Park High School besuchten. Da ich wieder bei meinen alten Klassenkameraden war, hatte ich einfach den alten Zustand wiederhergestellt. Die Entrüstung wuchs, als die Verwaltung der Highschool erfuhr, dass meine Eltern keine Ahnung hatten und glaubten, ich sei auf der Laborschule; bei meiner Abmeldung dort hatte ich nicht eingestanden, dass meine Eltern nichts davon wussten. Und dass die Rechnung für das Schulgeld nicht mehr kam, hatten meine Eltern natürlich nicht bemerkt.

Nun folgten viele tränenreiche Gespräche innerhalb und außerhalb der Schule. Ob meinem Vater oder mir die Lösung einfiel, weiß ich nicht mehr. Letztlich kamen wir darauf, als wir uns fragten, wie junge Leute aus Schulen im Ausland, deren Stufensystem nicht mit unserem übereinstimmt, an den höheren Schulen der USA richtig untergebracht werden. Wir beantragten, dass ich in Mathematik, Englisch, Geschichte und Geisteswissenschaften die Aufnahmeprüfungen für ausländische Schüler machen sollte. Dabei bestand ich den Test für die neunte Klasse ohne Weiteres. Ich hatte die Schlacht gewonnen. Man gestattete mir, die neunte Klasse an der Hyde Park High School abzuschließen, wo ich mich einer viel größeren Auswahl an Verehrern erfreute.

Aber den Krieg hatte ich verloren. Als ich nach zwei Jahren an der staatlichen Schule vorzeitig zum College ging und so wieder an die University of Chicago zurückkehrte, erklärten mir meine akademischen Berater, meine mathematischen Leistungen seien gesunken, mein Wortschatz habe sich vermindert, und ich sei am Ende der zehnten Klasse ganz allgemein eine schlechtere Studentin, als ich es nach der Hälfte der achten gewesen war. Als ich im Frühjahr 1954 endgültig das städtische Rassenelend der Hyde Park High School verließ und »The College« besuchte (so nannte man die University of Chicago, obwohl sie schon sehr junge Studenten annahm), hatte ich vor, nach einem Rückfall von zwei Jahren wieder eine gute Studentin zu werden. Als ich wieder da war, wo ich nach Ansicht meiner ängstlichen Eltern hingehörte, war ich entschlossen, den allerbesten aller gutaussehenden, klugen, begehrenswerten jungen Männer kennenzulernen. Es folgten die Sagan-Jahre.

Mit 14 hatte ich tatsächlich das Glück, in das Frühförderungsprogramm der University of Chicago aufgenommen zu werden. Nachdem ich dreieinhalb Jahre später mein Examen gemacht hatte, besaß ich zwar viele Neuerwerbungen, so unter anderen einen Abschluss in Philosophie und einen Ehemann, aber das bei weitem Dauerhafteste war eine gründliche, geflissentlich kultivierte, kritische Skepsis. Noch heute schätze ich meine Ausbildung an der University of Chicago wegen ihrer zentralen Lehre: Man muss sich immer darum bemühen, den Unsinn vom Echten zu unterscheiden.

Mein Kommilitone, der angehende Astronom Carl Sagan, war fast fünf Jahre älter als ich. Er war groß, sah gut aus, hatte dichte, dunkelbraune Haare, konnte sich hervorragend Gehör verschaffen und steckte schon damals voller Ideen. Ich lief ihm eines Tages buchstäblich über den Weg, als ich gerade die Treppen der Eckhart Hall hinaufstieg, in der die Abteilung für Mathematik untergebracht war. Der damals neunzehnjährige Sagan war entschlossen, in der Astronomie Karriere zu machen. Er war Doktorand der Physik, und ich war nur ein behändes, begeisterungsfähiges, unwissendes junges Mädchen.

Wissenschaftlich war ich ein völlig unbeschriebenes Blatt. Carl und insbesondere seine Redegewandtheit faszinierten mich. Er schien mir bereits ein echter Profi zu sein. Seit unserer ersten Begegnung teilte er mit mir und jedem anderen, der ihm zuhörte, seine umfassenden Kenntnisse über die Unermesslichkeit von Raum und Zeit. Als Vorsitzender des Astronomie-Clubs, anerkannter Journalist und geschickter Redner zeigte er allen um sich herum, wie wir unwissenden Küken uns voller Begeisterung an den Unternehmungen der Wissenschaft beteiligen konnten. Seine Liebe zur Wissenschaft war ansteckend.

Unser leidenschaftlicher Streifzug durch das Land der Liebe hatte einen steinigen Anfang und nahm ein ebenso aufreibendes Ende. Mein Vater hatte etwas gegen Carls Arroganz, und meine Mutter hegte Misstrauen gegenüber seinem selbstverliebten Charakter. Wir reisten bis nach Mexiko im Süden und New Jersey im Osten. Wir besuchten gemeinsam viele Orte und trennten uns mehrmals. Ich machte sogar eine Tonbandaufnahme, in der ich mir selbst aufzählte, warum es dumm und selbstzerstörerisch wäre, ihn zu heiraten. Und doch feierten wir am 6. Juni 1957 – ich war 19 Jahre alt – eine wunderschöne Hochzeit. Meiner Mutter, einer Meisterin des guten Geschmacks, war nur das Beste gut genug. Rachel Sagan, seine Mutter, schickte mir – obwohl sie natürlich während der gesamten Feierlichkeiten anwesend war – an jenem Tag ein Telegramm: »Vom Bachelor zur Ehefrau in nur einer

Woche.« Die Examensfeiern für mein wunderbares Geschenk von Robert M. Hutchins – den allgemeinen Abschluss der University of Chicago in Philosophie und Wissenschaften *(liberal arts degree)* – hatten nur eine Woche vor unserer Hochzeit stattgefunden. Hutchins (1899–1977), ein Reformer der Hochschulausbildung, war mit 30 Jahren zum Präsidenten der University of Chicago aufgestiegen und hatte dieses Amt 32 Jahre lang inne, bevor er in den Ruhestand ging. Als ich an die Hochschule kam, war er zwar schon nicht mehr dort, aber seinem Genie und dem von ihm neu gestalteten Lehrplan verdanke ich meine Ausbildung.

Nachdem ich – unter anderem durch Carl – die Überzeugung gewonnen hatte, dass alle Phänomene der Vererbung letztlich einer einheitlichen chemischen Erklärung unterliegen, wurde mir auch klar, dass die Wissenschaft der Genetik uns die besten Hinweise auf die Wirkungsweise der Evolution liefern werde. Ohne es zu wissen, folgte ich also mit 19 Jahren den Spuren von George Gaylord Simpson.[1] Dieser hatte geschrieben, Evolution sei nicht das wichtigste Thema, weil er sich damit befasse, sondern er befasse sich mit Evolution, weil sie die wichtigste Wissenschaft sei.

In jenem September, wenige Tage vor dem Start des sowjetischen Satelliten *Sputnik 1,* begleitete ich Carl zum Yerkes Observatory in Williams Bay in Wisconsin. Diese Sternwarte – gleichzeitig das astronomische Institut der University of Chicago – lag etwa 140 Kilometer von der Großstadt entfernt am See. Carl war einer von nur vier Doktoranden in Planetenforschung, einer Disziplin, von der damals noch kaum jemand gehört hatte. Er aber hatte bereits mit der Suche nach bewohnbaren Planeten begonnen.

Auch ich bewarb mich um eine Doktorandenstelle. Es erschreckte mich geradezu, dass mein allgemeinwissenschaftlicher

Abschluss ohne Hauptfach als Bachelor-Examen anerkannt wurde, aber ich avancierte damit 140 Kilometer weiter nordwestlich, an der University of Wisconsin in Madison, zur Anwärterin für den Masters Degree. Man schrieb das Jahr 1958. Schwanger und in den Vorlesungen meistens müde, studierte ich an zwei Instituten Zellbiologie und Genetik. Den ersten Lehrauftrag erhielt ich da, wo es am notwendigsten war, nämlich am Institut für Zoologie des College für Wissenschaften. Außerdem arbeitete ich am genetischen Institut der Landwirtschaftlichen Fakultät. Ich lernte allgemeine Genetik und später Populationsgenetik bei meinem Studienbetreuer James F. Crow. Seine Vorlesung in allgemeiner Genetik begeisterte mich; sie veränderte mein Leben. Dass ich Genetik studieren wollte, wusste ich schon, als ich die University of Chicago verließ, aber nach Crows Vorlesung war mir klar, dass ich *ausschließlich* Genetik studieren wollte. Ich stellte fest, dass genetische Forschung der exakteste Weg ist, die Evolution, die Geschichte des frühen, vor dem Menschen vorhandenen Lebens auf der Erde zu rekonstruieren. Als ich zusammen mit Dorion, meinem ältesten Sohn, das Buch *Mikrocosmos* schrieb, fuhr ich auf seine Bitte hin zur Haltestelle Auditorium/Massachusetts Avenue der Bostoner U-Bahn, um mir ein Graffito anzusehen, das jemand auf einen verblichenen Stadtplan in dem Tunnel gesprüht hatte. In riesigen schwarzen Lettern stand dort die Frage: »Woher kommen im Chaos die Amöben?« Ich musste laut lachen: Hier, auf der grauen Wand einer schmuddeligen U-Bahn-Station, stand die zentrale Frage, der Mittelpunkt meines ganzen Lebens.

Über die Anfänge in der weit entfernten Vergangenheit grüble ich heute noch. Was geschah mit dem Leben auf der Erde in seinen Anfangstagen? Nach jener ersten Vorlesung hatte ich den Eindruck, die Populationsgenetik mit ihren übermäßig abstrakten, neodarwinistischen Begriffen wie »Mutationsbelastung«, »Fitness« und »Selektionskoeffizienten« sei eher eine Religion als eine Beschreibung der Regeln, nach denen wirkliche Lebewesen ihre Gene weitergeben und Evolution erfahren.

Die Gene, das war damals schon allgemein bekannt, liegen im Kern jeder Pflanzen- und Tierzelle und werden von dort – in der Regel unverändert – an die Nachkommen weitergegeben. Diese Gene, das lernten wir aus instruktiven Übungsaufgaben und Crows ausgezeichneten Vorlesungen wie von selbst, bestimmen und lenken die Merkmale der Nachkommen.

Aber mich einseitig auf den Zellkern zu konzentrieren entsprach meiner inneren Neigung ebenso wenig wie das Dasein als Anhängsel und Ehefrau in einer Kleinfamilie; wie bei vielen Frauen war meine Aufmerksamkeit geteilt. Meine Freundin Mary Catherine Bateson, eine Tochter der Anthropologin Margaret Mead, bezeichnet die moderne Frau als »periphere Visionärin«. Wenn sie überleben will, muss sie in ihrer Aufmerksamkeitsverteilung fast einem Tintenfisch gleichen. Während sie auf einem Arm den Säugling hält, so Bateson, rührt sie mit dem anderen im Kochtopf und beaufsichtigt gleichzeitig noch das Kleinkind. Diese Mehrfachbelastung war damals wie heute weder durch politischen Willen noch durch feministische Rhetorik zu beseitigen.

Meine Arbeit begann auf einem Nebengleis. Ich untersuchte genetische Systeme, die sich in den Zellstrukturen (Organellen) außerhalb des Zellkerns befinden und damals kaum beachtet wurden. Die Befunde über diese »zytoplasmatischen Gene« faszinierten mich, seit ich zum ersten Mal etwas von ihnen gehört hatte. Das Zytoplasma ist der flüssige Teil der Zelle, in dem Mitochondrien, Chloroplasten und andere Organellen angesiedelt sind.[2] Damals wie heute nahm man an, dass die Gene sich auf den Zellkern konzentrieren. Zytoplasmatische Gene wichen vom Gewohnten ab, und deshalb wurden Experimente, in denen man sie nachwies, häufig nur unvollständig beschrieben. Ich war nicht die Erste, die auf die Erbanlagen im Zytoplasma aufmerksam machte. Viele Pioniere der Zellgenetik waren sich dieser Gene oder der »zytoplasmatischen Vererbung«, wie man sie damals auch nannte, bewusst. Jan Sapp, heute Professor an der York University in der Nähe von Toronto, beschreibt in seinem Buch *Evolution by Association* die geistige Entwicklung in dieser gesamten Unterdisziplin der Genetik ganz ausgezeichnet.[3] Die Erforschung der zytoplasmatischen Genetik setzte im ersten Jahrzehnt des 20. Jahrhunderts ein, also zur gleichen Zeit wie die Untersuchung der Zellkerngenetik. Ausgangspunkt für beide war die Wiederentdeckung der Arbeiten von Gregor Mendel, der allerdings nur die Gene im Zellkern nachgewiesen hatte. Mendel, der Mönch und Gärtner aus Böhmen, hatte die Gesetzmäßigkeiten für die Vererbung unterschiedlicher Merkmale bei Gartenerbsen erforscht und daraus geschlossen, es müsse sogenannte »Faktoren« geben. Seine Arbeiten aus den sechziger Jahren des 19. Jahrhunderts wurden erst um 1900, lange nach seinem Tod, von drei verschiedenen Wissenschaftlern wiederentdeckt. Mendel wird mit einer abgedroschenen Phrase häufig als »Vater der Genetik« bezeichnet. In ihrer Begeisterung über die Entdeckung von Mendels Kernfaktoren (aus denen später die Gene im Zellkern wurden) waren die ersten Genetiker von den nicht im Zellkern liegenden (zytoplasmatischen) genetischen Systemen irritiert. Boris Ephrussi, in Frankreich lebender russischer Emigrant und Experte für Hefegenetik, scherzte einmal: »Es gibt zwei Arten genetischer Systeme. Die einen liegen in den Kernen, die anderen stehen in den Sternen.« In den Sternen standen nach seiner Ansicht natürlich die zytoplasmatischen Gene.[4]

Was als Abfallprodukt der mikroskopischen Untersuchung von Zellen begann, ist mittlerweile stärker in den Mittelpunkt des Interesses gerückt. Nachdem man erkannt hatte, wie wichtig die Symbiose in der Evolution war, mussten wir die früheren zellkernzentrierten Ansichten von der Evolution als einen blutigen Kampf der Tiere revidieren. Die Natur mag »rot an Zähnen und Klauen« sein, von nachlässiger Gleichgültigkeit gegenüber dem Leiden des Einzelnen, aber das schließt nicht aus, dass die Symbiose, die als unbehagliche Verbindung unterschiedlicher Lebensformen begann, in der Evolution zur Grundlage für das Auftreten wichtiger Neuentwicklungen wurde. Das Bewusstsein der Menschen und Tiere, aber auch viele andere Formen biologischer Schönheit und Komplexität, sind Eigenschaften unserer durch Koevolution geprägten, pointilistischen bakteriellen Ahnenschaft. Aus dem Zusammenleben von Zellen, einer Durchdringung und Vereinigung, die weit tiefer geht als jeder Aspekt menschlicher Sexualität, entstand alles – von den frühlingsgrünen Pflanzen und den warmen, feuchten Körpern der Säugetiere bis hin zu den globalen Verknüpfungen der Erde. Heute, drei Jahrzehnte später, rückt die zytoplasmatische Genetik durch die Symbiogenese zu einem zentralen Anliegen in der Genforschung auf.

Abt Mendel postulierte Faktoren. Diese, so Mendels theoretische Überlegungen, ließen bei den Gartenerbsen, die er im Kräutergarten seines Klosters züchtete und kreuzte, die verschiedenen Farben (gelb und grün) und Oberflächenbeschaffenheiten (runzelig oder glatt) entstehen. Mendel hatte aller Wahrscheinlichkeit nach die Absicht, den letzten Nachweis für die Unveränderlichkeit der Vererbung zu führen und damit als eine Art ehrwürdiger, intelligenter Vorläufer heutiger – Widerspruch in sich – »Schöpfungswissenschaftler« der von Charles Darwin vertretenen, Adam und Eva negierenden Vorstellung von der Wandelbarkeit aller Arten entgegenzutreten. Einem ausgezeichneten, unveröffentlichten Manuskript zufolge – es stammt von einer Amateur-Wissenschaftshistorikerin aus Nassau auf den Bahamas, an deren Namen ich mich nicht erinnern kann – fand Mendel keinerlei Hinweise, dass Arten sich verändern und eine Evolution durchmachen. Rote männliche und weiße weibliche Blüten brachten Samen hervor, die zu rosafarbenen Nachkommen heranwuchsen. Aber die Blüten, die von rosafarbenen Eltern stammten, waren wieder so rot oder weiß wie die ihrer Großeltern. Welches auch Mendels Motive gewesen sein mögen, seine Faktoren hatten in jedem Fall mit der Vererbung unveränderlicher Eigenschaften zu tun. Außerdem waren sie streng an das Verhalten von Chromosomen gebunden, die von der Kernmembran umschlossen waren. Mein Kollege Jan Sapp veröffentlichte Analysen von Mendels Arbeiten; sie ähnelten stark denen jener unbekannten Frau, die schüchtern und mit Bergen von Papier in mein Büro kam, Belegen ihrer jahrelangen Arbeit, die nie das Licht der Öffentlichkeit erblicken sollte.

Die Chromosomen, winzige Körperchen im Kern der Tier- und Pflanzenzellen, kannte man schon lange, bevor man 1953 die Struktur der Desoxyribonukleinsäure (DNA) entdeckte. Zu der Zeit, als ich das Alter einer Wissenschaftlerin erreichte, war die Chromosomentheorie der Vererbung bereits zur unumstößlichen Wahrheit geworden. Man hatte die Bezeichnung »Theorie« aufgegeben und lehrte sie als Tatsache: Gene, so hieß es, lägen »auf den Chromosomen wie Perlen an einer Kette«. Die Befunde zeigten zweifelsfrei, dass die hypothetischen Gene im Kern der Zellen aller Gewebe auf den Chromosomen zusammengedrängt sind. Diese Gene entsprachen genau Mendels theoretischen Faktoren: Sie hielten sich penibel an die Spielregeln und bestimmten, ob bei Pflanzen rote, weiße oder rosafarbene Blüten und bei Tieren vergleichbare erbliche Merkmale auftraten. Die Belege, wonach diese merkmalbestimmenden Gene im Zellkern liegen, galten als so gut gesichert, dass man die neugewonnenen genetischen Kenntnisse unter dem Oberbegriff »chromosomale Grundlagen der Vererbung« zusammenfassen konnte.

Bis Mitte der fünfziger Jahre suchten diejenigen Biologen, die man nun auch als »biochemische und biophysikalische Zytologen« bezeichnete, aufgeregt nach dem eigentlichen Stoff, der »materiellen Grundlage«, aus der Mendels Faktoren bestehen. Woraus bestanden die Chromosomen, die sich im Präparat rot anfärben ließen? Wie sieht die Chemie der Vererbung aus? Wie in einem Schauer- oder Science-Fiction-Roman ging die Wissenschaft daran, das Geheimnis des Lebens zu lüften. Welch faustische Erregung eine solche Suche auslöste, lässt sich kaum angemessen darstellen. Nach einigen Fehlstarts, letztlich aber mit spektakulärem Erfolg, erweiterte sich das Wissen über das Innere der Zelle und ihres Kerns. Die grundlegenden chemischen Reaktionen in der unaufhörlich aktiven Zelle wurden entschlüsselt. Aus Nährstoffmolekülen werden Proteine synthetisiert und Nukleinsäuren verdoppelt. Diese chemischen Vorgänge sind Grundlage für den Stoffwechsel allen Lebens.

Aber eine Eizelle ist nicht einfach ein Beutel mit einem Kern voller Gene. Embryologen und Botaniker wurden nicht müde, es immer wieder zu betonen: Auch Gene oder Faktoren, die nicht im Zellkern, sondern im Zytoplasma der Zellen von Pflanzen und Tieren liegen, bestimmen die Merkmale. Wie sich herausstellte, sind Faktoren außerhalb des Zellkerns eng mit der Zellatmung (Mitochondrien) und der Färbung von Blättern (Chloroplasten) verknüpft.

Mit anderen Worten: Gene liegen nicht zwangsläufig im Zellkern. Manche genetischen Faktoren sind bei Pflanzen und Tieren auf die ganze Zelle verteilt. Seit den dreißiger Jahren, als in Deutschland und England erste biochemische Forschungsarbeiten liefen, ließ sich für Hefe und andere Pilze eindeutig nachweisen, dass die Mitochondrien ihre eigenen Gene enthalten. Diese kleinen Organellen sind der Schauplatz, wo der Sauerstoff aus der Luft mit den Nährstoffmolekülen reagiert und chemische Energie liefert. Die Zellen der grünen Algen und Pflanzen enthalten auffällige grüne Körperchen, die Chloroplasten, in denen das

Sonnenlicht durch Photosynthese in nutzbare chemische Energie und Nährstoffe umgewandelt wird. Und die Chloroplasten der Algen und Pflanzen enthalten ebenfalls eigene Gene. Das wurde um die Jahrhundertwende von H. de Vries und C. Correns entdeckt, zwei Pflanzenforschem, die unabhängig voneinander auch Mendels Gene wiederentdeckten. Über die grüne Färbung bestimmte offensichtlich der Chloroplast, der von einem Elternteil – in der Regel der Mutter – ererbt wurde. Das Vererbungsmuster war unabhängig vom Zellkern.

»Was die Vererbung angeht, kann man das Zytoplasma einer Zelle ohne Weiteres außer Acht lassen.« Das jedenfalls meinte T.H. Morgan, Professor der Columbia University und eine zentrale Gestalt aus der Frühzeit der Genetik; schon als ich diese Behauptung aus dem Jahr 1945 zum ersten Mal las, fand ich sie arrogant und stark vereinfachend.[5] Um der ganzen Zelle, dem ganzen Organismus gerecht zu werden, muss man immer die gesamte Vererbung berücksichtigen, sowohl die im Zellkern als auch die im Zytoplasma.

Carl Sagan mag für meine jugendliche Bekehrung zur Wissenschaft eine herausragende Rolle gespielt haben, aber noch einschneidender wirkte vermutlich »The College« der University of Chicago. Ein entscheidender erster Schritt in meiner akademischen Ausbildung war der einjährige Kurs »Naturwissenschaft 2«. Dort lasen wir Studenten keine Lehrbücher, sondern die Schriften der großen Wissenschaftler selbst: Charles Darwin, Gregor Mendel, Hans Spemann – der deutsche Embryologe hatte in den zwanziger Jahren gearbeitet –, und August Weismann, der zur Entdeckung der Befruchtung beigetragen und die »Kontinuität des Keimplasmas« postuliert hatte. Ebenso lasen wir englischsprachige Neodarwinisten, so unter anderem die Arbeiten der britischen Mathematiker und Genetiker G.S. Hardy, J.B.S. Haldane und R.A. Fisher. Diese drei und viele andere entwickelten die mathematischen Prinzipien der Populationsgenetik, einer der Pfeiler, auf dem der Neodarwinismus ruht. Unser Kurs gab uns die Anregung, uns mit Populationsgenetik, Embryologie und vielen weiteren Konzepten zu befassen: Was ist Vererbung? Was verbindet die Generationen? Wie setzt das Material in der verschmolzenen Ei- und Samenzelle die Entwicklung eines vollständigen Tiers in Gang? Naturwissenschaft, wie sie in dem Kurs unterrichtet wurde, war eine »freie Kunst«, ein Weg zum Wissen. Man brachte uns bei, wie wir über die Naturwissenschaft an die Beantwortung wichtiger philosophischer Fragen gehen konnten. Die Grundlagen der Vererbung, die mich in »Naturwissenschaft 2« zum ersten Mal fesselten, inspirieren mich bis auf den heutigen Tag.

Die phantastische Einstellung zur Wissenschaft, wie sie an der University of Chicago mit ihren ehrlichen, aufgeschlossenen, verständlichen und energischen Methoden gelehrt wurde, scheint es bei der heutigen »technologiefixierten« Mentalität kaum noch zu geben. Uns erleichterte sie damals die Beschäftigung mit tiefgreifenden Fragen an der Grenze zwischen Philosophie und Naturwissenschaft: Was sind wir? Woraus sind wir und das Universum gemacht? Woher kommen wir? Wie funktionieren wir? Ich habe keinen Zweifel, dass ich meine Entscheidung für eine wissenschaftliche Laufbahn dem Geist dieser »eigenartigen« Ausbildung verdanke.

Als ich den Lehrplan von »Naturwissenschaft 2« las, hörte ich förmlich die Stimmen großer Biologen: Vance Tartar, der den »Riesenciliaten« *Stentor* seziert hatte; Thomas Hunt Morgan, der den Zellkern in den Mittelpunkt des Interesse gerückt hatte; Hermann J. Muller, der Leben als »Mutation, Fortpflanzung und die Fortpflanzung der Mutation« definierte; Theodosius Dobzhansky, der sich in dem nie endenden Bemühen, einen Zusammenhang zwischen Genen, Chromosomen, Umwelt und Evolutionsgeschichte nachzuweisen, auf die Taufliegen stürzte. Der pfeifenrauchende A.H. Sturtevant suchte im »Fliegenzimmer« der Columbia University nach den chromosomalen Grundlagen der Faktoren, die über die Eigenschaften verschiedener Sorten von Taufliegen bestimmen. Genetik und Evolution, Genetiker und Evolutionsforscher, selbst wenn sie schon lange tot waren, übten sie von meiner ersten Begegnung mit ihren Arbeiten an einen Zauber auf mich aus. Das wissenschaftliche Gedankengebäude, das die amerikanische Genetikerschule in der ersten Hälfte des 20. Jahrhunderts zimmerte, vermittelte mir ein Gefühl für die Geschichte des biologischen – und insbesondere genetischen – Denkens. Von Anfang an lag auf der Hand, dass eine chemische Erklärung notwendig war.

Auch meine Begeisterung für die Evolution begann in »Naturwissenschaft 2«. Theodosius Dobzhansky – er war noch an der Columbia University tätig, als ich seine Arbeiten zum ersten Mal las – schrieb einmal: »Nichts in der Biologie hat einen Sinn, außer im Licht der Evolution.«[6] Evolution, definiert einfach als Wandel im Laufe der Zeit, stellt die verwickelte Geschichte, deren lebendes Vermächtnis wir sind, in den Mittelpunkt des Interesses. Die Erforschung der Evolution ist ein so weitläufiges Gebiet, dass sie den Kosmos und seine Sterne ebenso umfassen kann wie das Leben – einschließlich des menschlichen, unseren Körper und unsere Technologie. Evolution ist schlicht die *gesamte* Geschichte.

Schon als Studienanfängerin spürte ich, dass die Idee, die Gene im Zellkern bestimmten über alle Eigenschaften einer Pflanze oder eines Tieres, etwas zu Reduktionistisches, zu Beschränktes hatte, das zu sehr nach einer Patentlösung roch. Wie konnten zufällige Mutationen von Genen zur Evolution von Blüten und Augen führen? Als ich Carl nach Wisconsin folgte und dort – in Madison – meine biologischen Arbeiten fortsetzte, wurde meine Skepsis nur noch bestätigt. Da ich es vorzog, mir Zellen unmittelbar anzusehen, statt sie zu zermahlen und die chemischen Vorgänge (den Stoffwechsel) in ihrem Inneren zu untersuchen, fesselten mich die Chromosomen und andere genetisch relevante Organellen in den Zellen. Ich widmete mich der Erforschung der Regeln, nach denen sie weitergegeben werden.

Bis 1963 war bereits in vielen Veröffentlichungen über die zytoplasmatischen Faktoren der Eizellen von rätselhaften Genen außerhalb des Zellkerns die Rede. Grüne weibliche Pflanzen, die man mit weißen männlichen Pflanzen kreuzte, brachten in manchen Fällen ausschließlich grüne Nachkommen hervor. Kreuzte man dagegen bei derselben Art grüne männliche Pflanzen mit weißen weiblichen, wuchsen aus den Samen nur weiße Nachkommen heran. Warum? Bei der Vererbung der Gene im Zellkern leisten männliche und weibliche Seite den gleichen Beitrag, und es spielt keine Rolle, von welchem Elternteil ein Gen stammt. Dass die Ei- oder Pflanzenzelle nicht einfach ein Beutel ist, in dem sich der Zellkern mit seinen alles entscheidenden Genen befindet, war mir ebenso klar wie den Genetikern vor mir, deren Arbeiten ich gelesen hatte. T. H. Morgans Rat, das Zytoplasma nicht zu beachten, wirkte auf mich schon damals wie hartnäckiges Leugnen.

Nach meiner Erkenntnis hatte die Verbindung von Genetik und Chemie bei den Wissenschaftlern zu einer unnötig verengten Sichtweise und übermäßig starker Konzentration auf den Zellkern geführt. Ich dagegen befasste mich mit den Arbeiten von Ruth Sager und Francis Ryan über zytoplasmatische Gene und mit den seltsamen genetischen Sonderfällen bei Pilzen, die der italienische Wissenschaftler Gino Pontecorvo gesammelt hatte.[7] Die von diesen Autoren beschriebenen Experimente zeigten, dass zwei Arten von Organellen, nämlich die Plastiden und Mitochondrien – beides membranumhüllte Strukturen in den Zellen, die sich aber außerhalb des Zellkerns befinden –, die Vererbung eindeutig beeinflussten. Die Literaturangaben in diesen Büchern führten mich zu *The Cell in Development and Heredity,* dem Meisterwerk von E.B. Wilson aus dem Jahr 1928. Wilson verwies auf ältere Literatur, in der von der Ähnlichkeit der Zellorganellen – Plastiden und Mitochondrien – mit frei lebenden Mikroorganismen die Rede war. Dieser Hinweis veranlasste mich, in der Literatur über Symbiose nach Arbeiten zu Mikroorganismen zu suchen. Nachdem ich festgestellt hatte, welche Fülle von symbiontischen Begegnungen es in der Natur gibt, insbesondere wenn Bakterien mit Insekten- und Wurmzellen zusammen- oder sogar in ihrem Inneren leben, begeisterten mich vor allem die frühen Wissenschaftler, die Wilson zitierte: I.E. Wallin, K.S. Mereschkowsky und A.S. Faminzin. Deren Geschichte wird in Khakhinas ausgezeichnetem Buch nacherzählt.[8] Ich vermute, dass sie mit ihrer Hypothese recht hatten: Danach waren die außerhalb des Zellkerns befindlichen Teile der Zelle mit ihrer eigenen, sonderbaren Vererbung die Überbleibsel früher frei lebender Bakterien. Es erschien mir offensichtlich, dass es ein doppeltes Vererbungssystem mit Zellen im Inneren von Zellen gab. Später stellte ich fest, dass auch Mereschkowsky dieser Idee anhing.

Im Jahr 1960 schrieb ich mich als Doktorandin am genetischen Institut der University of California in Berkeley ein. Obwohl ich erst 22 Jahre alt und bereits Mutter zweier überaus lebhafter Jungen war, verscheuchte meine Begeisterung für Zellgenetik und Evolution jeden Gedanken an ein Leben als Nur-Hausfrau. Mehr als einen Ehemann hatte ich mir immer Kinder gewünscht. Im Gegensatz zu meinen Eltern fand ich Whiskey und Zigaretten, Poker und Bridge, Parties und Politik, Tratsch und Golf unerträglich langweilig. Stattdessen war ich unstillbar lesehungrig, ernsthaft und fleißig; ich zog die Gesellschaft von Babys, Schlamm, Bäumen, Fossilien, Hundewelpen und Mikroorganismen der normalen Welt der Erwachsenen vor. So ist es bis heute geblieben.

In Berkeley gab es keinerlei Austausch unter den Mitarbeitern des Instituts für Paläontologie, wo man die Evolution erforschte, und den Wissenschaftlern am Institut für Genetik, wo Evolution kaum erwähnt wurde. Ich strebte aber eine Ausbildung über alle Aspekte von Evolution, Paläontologie und Genetik an, die Licht auf die Entwicklungsgeschichte der Zellen werfen konnte, und war deshalb anfangs vom Ausmaß der akademischen Apartheid schockiert. Jedes Institut schien die Menschen und Themen außerhalb der eigenen Grenzen völlig ausgeklammert zu haben. Fast alle Bakteriengenetiker im Bakterien- und Viruslabor (BVL) auf der Ostseite des Universitätsgeländes hatten ihre Laufbahn als Chemiker begonnen, und so wussten die meisten, was die Genetik von Pflanzen- und Tierzellen angeht, erschreckend wenig. Die wenigsten hatten von zytoplasmatischer Vererbung oder Organellen in kernhaltigen Zellen gehört. Kein Bakteriengenetiker, Mikrobiologe oder Virusforscher auf dieser Seite des Campus wusste irgendetwas über die genetischen Systeme im Zytoplasma von Algen. Manche waren so auf Bakterien fixiert, dass sie kaum die Mitose verstanden, jene Art der Zellteilung, die für Zellen mit einem Zellkern charakteristisch ist. Und mit Sicherheit hatten sie nie über die Meiose – eine besondere Abwandlung der Mitose, die hinter den Mendelschen Regeln der Vererbung steht – gelehrt oder auch nur darüber nachgedacht. Manch einer wusste fast nichts von diesen Regeln, die nur für Lebewesen mit Zellkern gelten. Und gleichzeitig waren diese spätberufenen Biologen – sie hatten Physik und Chemie studiert – so arrogant, dass sie nicht einmal wussten, dass sie es nicht wussten. An ihre Doktoranden gaben sie vielfach ihre chemische Raffinesse, aber auch ihre biologische Unkenntnis und Arroganz weiter. Von den spannenden Arbeiten über zytoplasmatische Vererbung in der Ciliatengenetik, einem damals florierenden Teilgebiet der Genetik, hatten die Dozenten und Studenten des BVL noch nie gehört. Selbst Mitarbeiter des Instituts für Genetik am westlichen Ende des Universitätsgeländes wussten nichts von den Forschungsarbeiten in der Ciliatengenetik, die ich so interessant fand. Ihr Mangel an Interesse und ihre Unkenntnis überraschten mich, schreckten mich aber nicht ab. Die Genetik des Ciliaten *Paramecium* (Pantoffeltierchen) und Tracy Sonneborn (1895–1970), ein bedeutender Fachmann auf diesem Gebiet, faszinierten mich, seit ich zum ersten Mal etwas darüber gelesen hatte. Was Sonneborn und seine französische Kollegin Jannine Beisson entdeckt hatten, schien diametral dem Dogma gegenüberzustehen, wonach erworbene Eigenschaften nicht vererbt werden können. Sonneborn, seit langen Jahren Professor an der Indiana University, und Beisson berichteten, sie hätten die Cilien von *Paramecium* zusammen mit einem Stück an ihrer Basis chirurgisch entfernt und auf der Zelloberfläche um 180 Grad verdreht wieder eingesetzt; die so veränderten Cilien tauchen bei deren Nachkommen über viele Generationen hinweg in der umgekehrten Stellung wieder auf. Mit anderen Worten: Die Zellen pflanzten sich fort und vererbten die von den Wissenschaftlern experimentell erzwungene Veränderung, und zwar über mindestens zweihundert Generationen. Damit hatte man ein Laborbeispiel für die sogenannte Vererbung erworbener Merkmale, die von der Lehrmeinung als lamarckistisch abgetan wurde.

Meinem Interesse an solchen Einzelheiten nachzugehen war damals eine einsame geistige Anstrengung. In den sechziger Jahren, als die Politisierung immer stärker voranschritt, verwendete man in akademischen Zirkeln mehr und mehr Zeit auf Gespräche über die »Relevanz« – mit der Folge, dass jedes intellektuelle Ziel unter dem Gesichtspunkt des Wohlergehens der Menschen beurteilt wurde. In diesem Klima war meine Begeisterung für die Regeln der zellulären Vererbung geradezu gesellschaftsfeindlich. Was mich am meisten beschäftigte, war für meine Dozenten und die meisten meiner Kommilitonen irrelevant.

Allen Bakteriengenetikern in Berkeley zum Trotz schien mir die Genetik immer noch der Schlüssel zur Evolutionsgeschichte zu sein. Ich sammelte weitere Beispiele für nicht-mendelsche (das heißt nicht vom Zellkern bestimmte) Vererbung bei den unterschiedlichsten Arten: bei Pflanzen wie *Eupatorium* (Wasserdost), *Zea* (Mais), *Mirabilis jalapa* (Wunderblume) und *Oenothera* (Nachtkerze), aber auch bei Algen wie *Chlamydomonas*. Ich untersuchte die Hefemutanten, die man als »petite« bezeichnet, weil sie langsam wachsen und kleine Kolonien bilden – bei ihnen ist die Zellatmung aufgrund einer nicht im Zellkern liegenden Mutation defekt. Außerdem verschaffte ich mir einen Überblick über das als »Kappa-Killer« bezeichnete Vererbungsmuster des Ciliaten *Paramecium*. Dieses ausgezeichnet untersuchte Phänomen hatte Tracy Sonneborn beschrieben, nachdem er beobachtet hatte, dass manche Pantoffeltierchen sich nach ihrer »Geburt« daranmachten, andere genetisch von ihnen abweichende Artgenossen zu töten. Und nie hatte ich den Eindruck, dass Vererbung, die nicht in den Kernen lag, deshalb »in den Sternen« stand. Der Genetiker H. J. Muller (1890–1967) – er erhielt den Nobelpreis, weil er gezeigt hatte, wie Röntgenstrahlen erbliche Veränderungen (Mutationen) zeitigen können – hatte behauptet, der innerste Kern des Lebens seien zumindest im Prinzip nackte Gene. Trotz seiner eleganten Arbeiten hatte nach meiner Überzeugung noch niemand nachgewiesen, dass es außerhalb des Kerns von Pflanzen- und Tierzellen »nackte Gene« gibt. Ich brütete über den alten, aber höchst scharfsinnigen Arbeiten des französischen Meeresbiologen Edouard Chatton (1883–1947) und des Harvard-Professors und Forschers Lemuel Roscoe Cleveland (1892–1969). Ich las unzählige Aufsätze von Tracy Sonneborn, der ausgezeichnet schrieb und bei der Arbeit laut dachte. Ich vertiefte mich in elektronenmikroskopische Aufnahmen von Organellen, die mein bilderstürmerischer, engagierter Professor Hans Ris von der University of Madison angefertigt hatte. Diese höchst unterschiedlichen Informationsquellen untermauerten meine Vermutung: Nicht nackte Gene, sondern Bakterien lebten außerhalb des Zellkerns, aber innerhalb der Zellen vieler Protisten und Hefepilze, ja sogar der Pflanzen und Tiere. Beim Studium der Literatur über zytoplasmatische Genetik wurde mir deutlich, dass zumindest drei Gruppen membranumhüllter Organellen (Plastiden, Mitochondrien und Cilien), die sich alle außerhalb des Zellkerns befinden, in Verhalten und Stoffwechsel Bakterien ähneln. In manchen Fällen erschien es mir sogar unmöglich, zwischen einem in einer Zelle eingefangenen Bakterium und einem als Teil der Zelle weitervererbten Organell zu unterscheiden. Ein eingeschlossenes blaugrünes Bakterium (Cyanobakterium), das seine Zellwand abgelegt hatte, um gemütlich im Zytoplasma einer Pflanzenzelle zu gedeihen und heranzuwachsen, schien genau das Organell zu sein, das alle als Chloroplast bezeichneten.

Nach diesen intellektuellen Streifzügen durch die Literatur zur Genetik zytoplasmatischer Organellen kühn geworden, sagte ich voraus, dass Plastiden, als ursprünglich eingefangene Bakterien, noch eine gewisse Menge bakterieller DNA enthalten müssten.

Was als Detektivarbeit in der Bibliothek des genetischen Instituts an der University of California in Berkeley begann, setzt sich bis heute fort. Immer noch lechze ich nach allen wissenschaftlichen Arbeiten über symbiontische Mikroorganismen und membranumhüllte Organellen. Meine Studenten und ich arbeiten nach wie vor an der zentralen Aussage: Die Entstehung von Zellen mit Zellkern entspricht der Evolution symbiontischer Bakteriengemeinschaften.

Meine erste vollständige Aussage zur »seriellen Endosymbiontentheorie« wurde veröffentlicht, nachdem ein erstes, mühsam zusammengestelltes und schlecht geschriebenes Manuskript etwa fünfzehnmal zurückgewiesen und verloren gegangen war. Dass der Aufsatz mit dem Titel *Origin of Mitosing Cells* 1966 schließlich zur Veröffentlichung angenommen wurde, hatte ich dem persönlichen Eingreifen von James F. Danielli zu verdanken, dem damaligen Herausgeber des mutigen *Journal of Theoretical Biology.* Als der Artikel Ende 1967 schließlich in gedruckter Form erschien, trug er natürlich meinen ersten Ehenamen, Lynn Sagan. Die Theorie wurde von Professor Max Taylor an der University of British Columbia in Vancouver, einem anderen begeisterten Protistenforscher, auf den Namen SET getauft, als Abkürzung für »serielle Endosymbiontentheorie« (nicht zu verwechseln mit SETI, der Suche nach extraterrestrischer Intelligenz).

1969, als ich schon eine ganze Weile zum zweiten Mal verheiratet und mit meiner Tochter Jennifer schwanger war, hatte ich erstmals die angenehme Pflicht, für längere Zeit zu Hause zu bleiben. Der erzwungene Heimaturlaub ermöglichte ungestörtes Nachdenken. Das wiederum brachte mich dazu, die erweiterte Version meiner vierteiligen SET-Geschichte niederzuschreiben. Die Geschichte über den Ursprung der Zellen, die ich in meinem Artikel von 1967 begonnen hatte, gedieh, wuchs heran und wurde schließlich zu einem Manuskript von der Länge eines Buches. Oft tippte ich bis spät in die Nacht – entschlossen, den vom Autorenvertrag vorgeschriebenen Termin einzuhalten. Da ich praktisch völlig unbekannt war, erhielt ich natürlich weder einen Vorschuss noch eine Vergütung für die vielen Zeichnungen, die ich anfertigen ließ. Hilfe kam nur von zu Hause. Schließlich hatte ich eine Fassung vollendet, die ich für die endgültige hielt. Voller Stolz und Sorgfalt verpackte ich das ausgiebig illustrierte Werk, noch bevor ich am Morgen die Stimmen meiner Kinder hören konnte, und schickte es an Academic Press in New York, den Verlag, der den Vertrag mit mir abgeschlossen hatte. Der Eingang des Pakets wurde nicht bestätigt. Ich wartete. Ich wartete immer weiter, etwa fünf Monate lang. Eines Tages tauchte mein Paket ohne jede Erklärung als Büchersendung zum billigsten Porto wieder in meiner Post auf. Viel später erfuhr ich – und noch nicht einmal vom

Lektor –, äußerst negative Gutachten hätten Academic Press bewogen, das Manuskript monatelang zurückzuhalten. Schließlich erhielt ich vom Verlag einen Formbrief mit der Ablehnung. Die formelle Absage war von keiner Erklärung begleitet, ja nicht einmal von einem persönlichen Brief, den der Lektor von Academic Press unterschrieben hätte. Über ein Jahr später, nach viel schmerzhafteren, längeren Geburtswehen, als Jenny sie mir jemals bereitet hatte, wurde das Buch schließlich sorgfältig lektoriert, gedruckt und von Yale University Press herausgebracht. Dank der Kommentare und Kritik von Max Taylor und anderen zuvorkommenden Kollegen setzte sich die serielle Endosymbiontentheorie durch, und schließlich verging der Schmerz, den die Ablehnung von Academic Press mir bereitet hatte.

Die SET gab den Anlass zu experimentellen Arbeiten vieler Wissenschaftler und Doktoranden, von denen ich während der gesamten siebziger und achtziger Jahre nichts erfuhr. Molekularbiologische, genetische und elektronenmikroskopische Untersuchungen bestätigten gleichermaßen die einst radikale Idee aus dem 19. Jahrhundert, dass die Zellen der Pflanzen und unseres eigenen tierischen Körpers (aber auch die der Pilze und aller anderen Lebewesen, die aus Zellen mit einem Zellkern bestehen) durch eine ganz bestimmte Abfolge von Verschmelzungen unterschiedlicher Bakterienarten entstanden waren. Solche Lebensgemeinschaften setzten sich durch und vermehrten sich. Meine neueste SET-Version ist in der Abbildung auf Seite 46 gezeigt. Heute entdecke ich zu meinem Erstaunen eine verwässerte Version der SET als »Stein der Weisen« in den Schulbüchern. Zu meinem Entsetzen – wenn auch nicht zu meiner Überraschung – stelle ich fest, dass die zugehörigen Beschreibungen dogmatisch, irreführend, nicht logisch untermauert und häufig regelrecht falsch sind. Im Gegensatz zur Wissenschaft selbst wird SET heute kritiklos akzeptiert. Das ist wohl der Lauf der Welt.

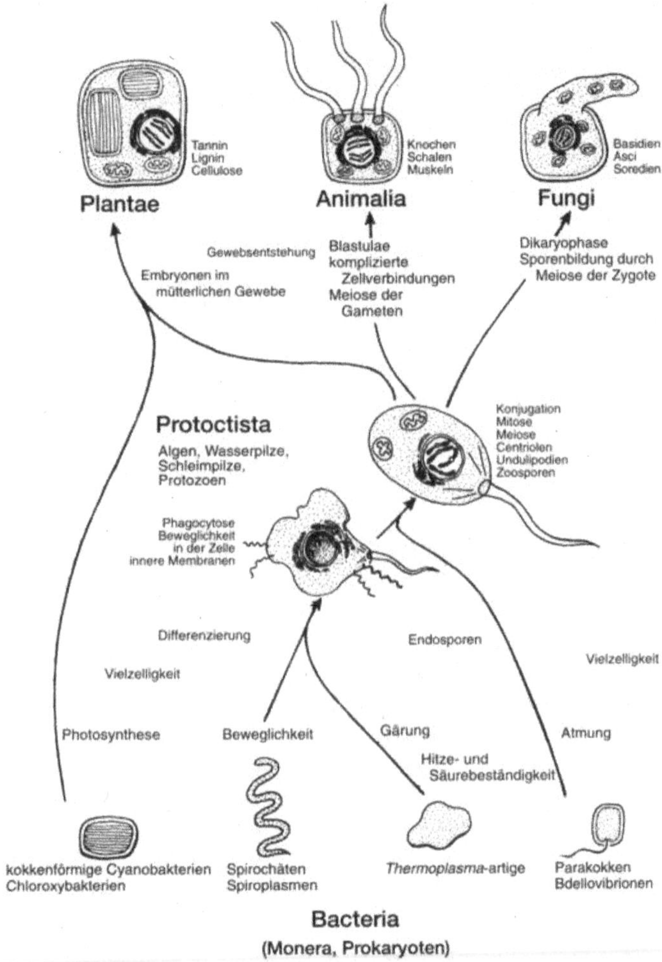

Die Stammesgeschichte der Lebewesen nach der seriellen Endosymbiontentheorie (SET); Zeichnung von Laszlo Meszoly.

SET ist eine Theorie der Vereinigung, der Verschmelzung von Zellen mit unterschiedlicher Vergangenheit und unterschiedlichen Fähigkeiten. Vor der seriellen Endosymbiose und der Entstehung der aeroben, kernhaltigen Zellen gab es keine Sexualität durch Zellverschmelzung. Sexualität mit Meiose, wie bei der Befruchtung des Eies durch die Samenzellen, kam erst später. Die Endosymbiose machte unseren Verschmelzungssex erst möglich. Auch Sexualität ist eine Vereinigung, eine Verschmelzung von Zellen mit unterschiedlicher Vergangenheit und unterschiedlichen Fähigkeiten. Die verschmelzenden Zellen sind dabei eng verwandt, und die Verbindung ist umkehrbar, bei der Endosymbiose dagegen sind die beteiligten Zellen nur entfernt verwandt, und die Verschmelzung ist von Dauer.

3 Einzigartigkeit durch Einverleiben

Low at my problem bending,
Another problem comes –
Larger than mine – Serener –
Involving statelier sums

(Tief bin ich über mein Rätsel gebeugt,
Da kommt ein zweites Rätsel ins Spiel –
Größer als meines – heiterer –
Und darin geht es erst recht um viel)

Symbiose – den Begriff prägte der deutsche Botaniker Anton de Bary im Jahr 1873 – ist das Zusammenleben von Lebewesen unterschiedlicher Arten; de Bary definierte sie eigentlich als »Zusammenleben unterschiedlich benannter Organismen«. In manchen Fällen führt langfristiges Zusammenleben zur Symbiogenese: Neue Körper, neue Organe, neue Arten entwickeln sich. Kurz gesagt, entstanden und entstehen die meisten Neuerungen der Evolution nach meiner Überzeugung unmittelbar durch Symbiose. Glaubt man allerdings den meisten Lehrbüchern, entspricht das nicht der üblichen Vorstellung von der treibenden Kraft des entwicklungsgeschichtlichen Wandels.

Der Begriff Symbiogenese stammt von dem Russen Konstantin

Mereschkowsky: Er bezeichnete damit die Bildung neuer Organe und Organismen durch symbiontische Verschmelzung. Wie ich zeigen werde, ist das eine der Grundlagen der Evolution. Alle Lebewesen, die so groß sind, dass wir sie sehen können, bestehen aus einstmals selbständigen Mikroorganismen, die sich zu einem größeren Ganzen zusammengeschlossen haben. Im Zuge dieser Verschmelzung haben viele von ihnen das verloren, was wir rückblickend als ihre frühere Individualität erkennen.

Meine Theorie über den symbiogenetischen Ursprung pflanzlicher, tierischer und anderer Zellen mit einem Zellkern beruht auf vier wohlbelegten Postulaten. Alle vier haben mit der Symbiogenese, der Einverleibung und körperlichen Verschmelzung durch Symbiose, zu tun. Die Theorie beschreibt genau die Schritte, die sich in der Vergangenheit abgespielt haben müssen, und zwar insbesondere im Hinblick auf die leuchtend grünen Zellen der Pflanzen. Zellen sind natürlich die allgemein bekannten Strukturbausteine der Moose, Farne und aller anderen Pflanzen. Die schlanken Haare der Staubgefäße, die man insbesondere in den Blüten von *Zebrina* und *Tradescantia* erkennt, bestehen aus Reihen solcher Pflanzenzellen. Große, mit einer Zellwand versehene grüne Zellen waren die Vorläufer der Pflanzen: Es gab sie in vollständig ausgebildeter Form bereits bei den grünen Algen, im Wasser lebenden Vorfahren der Pflanzen. Dass kernhaltige Lebewesen in der Evolution durch Verschmelzung entstanden sind, ist an Pflanzen am besten zu erkennen, weil man in ihren großen, wohlgeformten Zellen die intakten Organellen leicht beobachten kann. Die Grundidee ist einfach: Vier einstmals völlig selbständige, körperlich getrennte Vorfahren fanden sich in einer ganz bestimmten Reihenfolge zur Grünalgenzelle zusammen. Alle vier waren Bakterien, und die Unterschiede zwischen ihnen können wir heute noch nachvollziehen. Nachkommen von allen vieren leben noch heute sowohl in verschmolzener als auch in freier Form. Manche meinen, die vier Typen hätten sich gegenseitig versklavt, eingefangen in der Pflanze und als Pflanze. Doch alle liefern Indizien auf ihre Vorfahren; chemisch betrachtet, ist das Leben so konservativ, dass wir sogar die genaue Reihenfolge ihrer Verschmelzung rekonstruieren können. Auf diese Reihenfolge der Verschmelzungsereignisse deutet der Begriff *seriell* in der Bezeichnung *serielle Endosymbiontentheorie* hin.

Ich glaube, ich habe mittlerweile viele Wissenschaftler und Studenten davon überzeugt, dass bestimmte Teile der Zellen, die Organellen, durch Symbiogenese entstanden sind, das heißt als Folge unterschiedlicher, dauerhafter Symbiosen. Von den Belegen für diese Theorie entstammen natürlich nur sehr wenige meinen eigenen Arbeiten; mittlerweile tragen dazu Hunderte von Wissenschaftlern bei. Ich arbeite derzeit an einer Erweiterung der Theorie, denn ich möchte zeigen, dass auch größere Organismen mit ihren neuen Organen und Organsystemen durch Symbiogenese entstanden sind.

Wenn Symbionten sich völlig verbinden, wenn sie verschmelzen und ein neues Lebewesen bilden, ist dieses neue »Individuum«, das Ergebnis der Verschmelzung, definitionsgemäß durch Symbiogenese entstanden. Der Begriff der Symbiogenese wurde zwar schon vor etwa hundert Jahren geformt, aber erst heute verfügen wir über die Hilfsmittel, mit denen wir die Theorie einer strengen Prüfung unterziehen können.

Ich möchte versuchen, die Idee so einfach wie möglich zu skizzieren. Zunächst verschmolz ein Bakterium, das Schwefel und Wärme liebte und als vergärendes »Archaebakterium« (oder »thermoacidophiles« Bakterium) bezeichnet wird, mit einem anderen, das schwimmen konnte. Diese beiden Bausteine des Verschmelzungsprodukts wurden zum Nukleozytoplasma, der Grundsubstanz in den Vorfahren der Tier-, Pflanzen- und Pilzzellen. Diese ersten frei schwimmenden Protisten waren wie ihre heutigen Nachkommen Anaerobier, das heißt, Sauerstoff war für sie Gift. Sie lebten in Schlamm mit hohem organischem Anteil sowie in Sand, Felsspalten, Tümpeln und Teichen, wo Sauerstoff fehlte oder knapp war. Alle Zellen von Tieren, Pflanzen und Pilzen bezeichnet man als kernhaltig, weil sie, obgleich wässrig und durchscheinend, einen sichtbaren Zellkern enthalten. (Zu den Pilzzellen gehören die Zellen der großen Pilze ebenso wie die der Hefe.) In Pflanzen und Tieren, aber auch bei manchen Pilzen und Einzellern, verschwindet der membranumhüllte Zellkern jedes Mal, wenn die Zelle sich durch Zweiteilung vermehrt: Die Membran löst sich auf, und die Chromosomen werden sichtbar. Das Chromatin, eine Substanz, die sich rot anfärben lässt und aus der die Chromosomen bestehen, rollt sich zu leicht erkennbaren Strukturen auf. Die Lehrbucherklärung für diesen Vorgang lautet: Das Chromatin kondensiert zu sichtbaren, zählbaren Chromosomen, deren Zahl für die jeweilige Spezies charakteristisch ist. Der Tanz der Chromosomen, die sich in locker spiralisiertes Chromatin auflösen, sobald die Kernmembran wieder erscheint, macht mehrere Schritte im Zellteilungsprozess der Mitose aus. Die Mitose mit ihren vielen Abwandlungen bei Protoctisten- (Protisten-) und Pilzzellen entwickelte sich in den allerersten Lebewesen, die einen Zellkern besaßen. Nachdem sie bei den schwimmenden Protisten entstanden war, wurde ein weiterer, frei lebender Mikroorganismus eines anderen Typs in die Gemeinschaft aufgenommen, diesmal ein Bakterium, das Sauerstoff atmete. Noch größere, kompliziertere Zellen entstanden. Der sauerstoffatmende Dreierkomplex (Säure- und Hitzeliebhaber, Schwimmer und Sauerstoffatmer) erwarb die Fähigkeit, Nahrungsteilchen zu umschließen. Solche Zellen mit einem Zellkern, komplizierte, verblüffende Lebewesen, die schwammen und Sauerstoff atmeten, tauchten auf der Erde vielleicht schon vor etwa zwei Milliarden Jahren auf.

Aus dieser dritten Verschmelzung, bei der ein schwimmender Anaerobier einen Sauerstoffatmer aufnahm, gingen Zellen aus drei Bestandteilen hervor, die in der Lage waren, mit der ansteigenden Menge an freiem Sauerstoff in der Luft fertigzuwerden. Vereint bildeten der raffinierte Schwimmer, das säure- und hitzebeständige Archaebakterium und der Sauerstoffatmer ein einziges Individuum, das fruchtbar war und unzählige Nachkommen hervorbrachte.

Nun folgte die letzte Neuerwerbung in der Entstehung komplexer Zellen: Die Sauerstoffatmer umschlossen hellgrüne, photosynthetische Bakterien, nahmen sie in sich auf, konnten sie aber nicht verdauen. Das eigentliche »Einverleiben« erfolgte erst nach hartem Kampf, in dem die nicht verdauten grünen Bakterien überlebten und das gesamte Verschmelzungsprodukt die Oberhand behielt. Schließlich wurden die grünen Bakterien zu Chloroplasten. Diese produktiven Sonnenliebhaber wurden als vierte Zellen zusammen mit den anderen einstmals unabhängigen Partnern zu einer Einheit – eine schwimmende Grünalge entstand. Und die frühen schwimmenden Grünalgen waren nicht nur die Vorläufer der heutigen Pflanzenzellen, sondern auch alle ihre Einzelbestandteile sind bis heute gesund und munter – sie schwimmen, vergären organische Substanzen und atmen Sauerstoff.

Meine beste Leistung ist nach meiner Überzeugung die Formulierung der seriellen Endosymbiontentheorie mit ihren Einzelheiten. Die entscheidende These lautet: Die zusätzlichen Gene im Zytoplasma der kernhaltigen Zellen von Tieren, Pflanzen und anderen Lebewesen sind keine »nackten Gene«, sondern gehörten ursprünglich zu Bakterien. Sie sind das greifbare Vermächtnis einer brutalen, von Konkurrenz geprägten Vergangenheit, in der schließlich ein Waffenstillstand eintrat. Bakterien, die vor langer Zeit teilweise gefressen und im Körper anderer Lebewesen eingeschlossen wurden, entwickelten sich zu Organellen. Grüne Bakterien, die »Cyanobakterien«, die zur Photosynthese fähig sind und Sauerstoff produzieren, gibt es auch heute in Tümpeln und Bächen, im Schlamm und an Stränden. Ihre Verwandten leben mit zahllosen größeren Lebewesen zusammen: mit allen Pflanzen und Algen.

Dass die ersten Pflanzengenetiker die Gene in den Chloroplasten der Pflanzenzellen entdeckten, hatte einen einfachen Grund: Sie waren immer dort. Kleine grüne Nachkommen von Cyanobakterien sind zu allen Zeiten in allen Pflanzenzellen vorhanden.

Cyanobakterien sind eine höchst erfolgreiche Lebensform. Sie überwuchern Duschvorhänge und wachsen schaumig in Swimmingpools, Toiletten und Tümpeln. Bei Wärme und Sonnenlicht können sie ein stehendes Gewässer innerhalb weniger Tage leuchtend grün färben. Zwar leben auch heute die meisten Cyanobakterien frei, manche haben aber auch ganz verschiedene Partner als Symbionten. Einige wurden zu Chloroplasten, den grünen Bestandteilen von Algen- und Pflanzenzellen. Andere leben in den Hohlräumen von Blättern, den Schichten der Wurzeln oder den Drüsen in den Stängeln von grünen Pflanzen.

Genau wie Cyanobakterien und Chloroplasten, so sind auch Mitochondrien und frei lebende sauerstoffatmende Bakterien enge Verwandte. Die Vorfahren, von denen die Mitochondrien der Tiere und Pflanzen in gerader Linie abstammen, waren ursprünglich, so behaupte ich in Übereinstimmung mit älteren, häufig ignorierten Fachleuten, ebenfalls frei lebende Bakterien. Mitochondrien, die Kraftwerke der Zellen, produzieren in den Zellen aller Tiere, Pflanzen und Pilze die chemische Energie. Auch in den meisten Protoctisten, jenen unzähligen geheimnisvollen Mikroorganismen, aus denen Pflanzen, Tiere und Pilze in der Evolution hervorgegangen sind, findet man in der Regel Mitochondrien als Mitbewohner. Was die reine Zahl angeht, sind nicht Menschen, sondern Chloroplasten und Mitochondrien die beherrschenden

Lebensformen auf der Erde. Wohin wir Menschen auch gehen, begleiten uns die Mitochondrien, denn sie sind in uns und treiben unseren gesamten Stoffwechsel an: unsere Muskeln, unsere Verdauung, unser gedankenvolles Gehirn.

Ich prahle gern damit, dass wir – meine Studenten und Kollegen – drei der vier Schlachten um die serielle Endosymbiontentheorie (SET) gewonnen haben. Drei der vier Partner, aus denen die Individualität der Zellen entstand, haben wir identifiziert (siehe die Abbildung auf Seite 46). Wissenschaftler, die sich mit diesem Thema befasst haben, sind heute übereinstimmend der Meinung, dass das Nukleozytoplasma, die Grundsubstanz der Zellen, aus Archaebakterien hervorgegangen ist; insbesondere der größte Teil des proteinsynthetisierenden Stoffwechsels stammt von thermoacidophilen *(»Thermoplasmaartigen«)* Bakterien (Schritt 1). Die sauerstoffatmenden Mitochondrien in unseren und anderen kernhaltigen Zellen sind aus bakteriellen Symbionten entstanden, die wir heute »Purpurbakterien« oder »Proteobakterien« nennen (Schritt 3). Chloroplasten und andere Plastiden der Algen und Pflanzen schließlich waren einstmals frei lebende photosynthetische Cyanobakterien (Schritt 4). Man beachte, dass hier kein Schritt 2 genannt ist.

Eine wichtige Frage bleibt umstritten: Wie sind die Schwimmfortsätze, die Cilien, entstanden? An dieser Stelle kündigen mir die meisten Wissenschaftler die Gefolgschaft. Sie stimmen mit Max Taylor überein, der meine Version der Symbiontentheorie als »extreme SET« bezeichnete. Was den Ursprung der ersten kernhaltigen Zellen angeht, neigen Taylor und sein Kollege Tom Cavalier-Smith von der University of British Columbia in Vancouver zu einer Theorie, die keine Symbiose, sondern »Verzweigungen« beinhaltet. Dies ist nach wie vor die vorherrschende Hypothese. Es gibt aber Indizien dafür, dass ein rätselhaftes zweites Bakterium als Partner in das uralte Bündnis aufgenommen wurde. Die erste

Vereinigung, die dauerhafte Verschmelzung des ersten und zweiten Partners, war entscheidend. Sie hat stattgefunden. Das Vermächtnis dieser ersten Verschmelzung liegt im Dunkeln und mag heute schwierig nachzuweisen sein, aber sie hat Spuren hinterlassen, und nach diesen Spuren suchen wir. Meine Hypothese, wonach in dem allerersten, ältesten Schritt der Entstehung kernhaltiger Zellen eine schwimmende Zelle von einem anderen Mikroorganismus aufgenommen wurde, ist der am wenigsten stichhaltige Teil der ganzen Idee. Jene erste Vereinigung spielte sich vor vielleicht zwei Milliarden Jahren ab. Der entscheidende Teil (der Schritt 2) der SET besagt: Cilien, der Schwanz von Samenzellen, die Sinneshaare und viele andere Anhänge kernhaltiger Zellen sind bei der ursprünglichen Verschmelzung des Archaebakteriums mit einem schwimmenden Bakterium entstanden. Ich prophezeie, dass wir diese Diskussion innerhalb der nächsten zehn Jahre gewinnen werden. Ich möchte kundtun, warum ich an dieser unpopulären Meinung festhalte, und einen Eindruck davon vermitteln, warum ich mein Leben der Aufgabe widme, einschlägige Indizien aus allen abgelegenen Bereichen der Biologie zusammenzutragen. Manche Kollegen bezeichnen mich als streitbar, andere nennen mich voreingenommen. Einige behaupten, ich suchte nur mir genehme Studien heraus und ließe widersprechende Befunde unfairerweise unbeachtet. Dieser Vorwurf mag zutreffen.

Bakterien, die sich in Symbiose vereinigen, hinterlassen dabei Hinweise auf ihre frühere Selbständigkeit. Sowohl Mitochondrien als auch Plastiden sehen in Form und Größe wie Bakterien aus. Und was am wichtigsten ist: Diese Organellen pflanzen sich fort, sodass im Zytoplasma – aber niemals im Zellkern – viele von ihnen gleichzeitig vorhanden sind. Beide vermehren sich nicht nur dort, sondern pflanzen sich auch auf andere Weise und zu anderen Zeitpunkten fort als die übrige Zelle, in der sie zu Hause sind.

Beide Typen besitzen noch heute, vermutlich eine Milliarde Jahre nach der ursprünglichen Verschmelzung, ihren eigenen, geschrumpften DNA-Vorrat. Die Gene für die ribosomale Ribonukleinsäure (RNA) der Mitochondrien ähneln noch heute verblüffend denen von sauerstoffatmenden, frei lebenden Bakterien. Und die ribosomalen Gene der Plastiden sind denen der Cyanobakterien sehr ähnlich. Als man Anfang der siebziger Jahre zum ersten Mal die DNA aus den Plastiden von Algenzellen mit der von frei lebenden Cyanobakterien verglich, fand man bei der DNA der Chloroplasten weit größere Ähnlichkeiten mit der DNA von Cyanobakterien als mit der DNA im Kern derselben Algenzellen! Damit war die Sache wasserdicht. Der Vergleich dieser drei DNA-Sequenzen (aus dem Zellkern, dem Organell und dem frei lebenden Vetter des Organells) bewies, dass Plastiden aus Bakterien hervorgegangen sind. Einen ähnlichen Nachweis führte man auch bei den weniger farbenprächtigen Organellen, den Mitochondrien. Dazu bedurfte es keiner Zeitreise.

Max Taylor ist der weltweit angesehenste Fachmann für eine Gruppe farbiger, faszinierender, meeresbewohnender Protisten, die er – wie auch fast alle anderen – als Dinoflagellaten bezeichnet. Ich jedoch lehne es hartnäckig ab, ihm zuzustimmen. Ich nenne sie *Dinomastigoten,* denn ich bin allergisch gegen den Begriff »Flagellen«, wenn er auf andere Lebewesen als Bakterien angewandt wird. Bakterien tragen Flagellen, während Organismen mit einem Zellkern das nach meiner Ansicht nie tun.

Irgendwann entwickelte Max explizite Alternativen zu meiner seriellen Endosymbiontentheorie. Er skizzierte Anfang der siebziger Jahre eine Theorie der endogenen Entstehung von Zellen durch »direkte Abstammung« (*direct filiation*). Damit schuf er die Grundlagen für eine Theorie zur Entstehung der kernhaltigen Zellen, die sich nicht auf Symbiose gründet und meinen Ansichten diametral entgegengesetzt ist. Der Theorie der unmittelbaren

Abstammung zufolge hätten sich die drei Typen zytoplasmatischer Organellen – Mitochondrien, Cilien und Chloroplasten – ohne Symbiose entwickelt. Vielmehr wären sie, so Max' Hypothese und die allgemeine Sicht vor der Formulierung der Symbiogenese, durch die »Abspaltung« von DNA aus dem Zellkern hervorgegangen. Danach waren Mitochondrien, Plastiden und Cilien immer ein Teil der Zellen und niemals seltsame Bakterien. Die These der unmittelbaren Abstammung war nicht nur Max' geistiges Kind, sie stand auch im Einklang mit der unausgesprochenen Überzeugung aller Biologen, dass Verzweigungen und nicht Verschmelzungen die Grundlage der Evolution sind.

Um eine Riesenmenge detaillierter Befunde gründlich durchzuarbeiten und zu strukturieren, stellte Max einen Katalog möglicher Versionen der Theorien von unmittelbarer Abstammung und Symbiose zusammen. In ihrer extremsten Form leugnet die Theorie der unmittelbaren Abstammung, dass es bei den Zellen irgendeine Art von Symbiose gibt. Die kernhaltigen Zellen haben sich demnach unmittelbar aus einem einzigen Vorläufer oder durch Veränderung einer einzigen Bakterienart entwickelt. Zu den Plastiden – dieser Gattungsbegriff bezeichnet alle photosynthetischen Organellen in Algen und Pflanzen – gehören die berühmten Chloroplasten der Grünalgen und ihre Nachkommen bei den Pflanzen. Die Kategorie umfasst aber auch die roten Rhodoplasten des roten Seetangs und die braunen Phäoplasten, die man bei Dinomastigoten, Diatomeen, Phäophyten und vielen anderen Algen findet. Die Symbiontentheorie postuliert in ihrer abgeschwächtesten Version, dass nur die Plastiden sich aus symbiontischen, photosynthetischen Bakterien entwickelt haben, während die Mitochondrien und alle anderen Organellen ohne Symbiose durch unmittelbare Abstammung aus Genen hervorgegangen sind, die den Zellkern zuvor verlassen hatten. Und dann gibt es eine gemäßigte Form der SET, die sowohl für Plastiden als auch für Mitochondrien einen symbiontischen Ursprung anerkennt. Sie ist heute nicht mehr umstritten, da für sie, wie uns die Lehrbücher beibringen, die große Mehrzahl aller Belege spricht.

Wenn Max Taylor mich als radikale Symbiogenetikerin bezeichnet und meine Version der SET »extrem« nennt, ist er nicht unfair. Warum? Trotz der eher spärlichen Indizien glaube ich immer noch, dass auch die Schwimmorganellen aus Symbionten hervorgegangen sind. Die Organellen dieser Gruppe (Schritt 2 in obigem Schema) waren nach meiner Überzeugung anfangs Bakterien. Cilien, Schwänze von Samenzellen, Sinneshaare und andere Auswüchse der Zellen, an deren Basis immer winzige, als *Centriolen-Kinetosomen* bezeichnete Körperchen liegen, sind in Schritt 2 entstanden. Diese Strukturen sind für die Bewegung der Zellen verantwortlich. Da sie älter sind und enger in die Zellen eingebunden wurden als Mitochondrien oder Plastiden, ist ihre Evolutionsgeschichte am schwierigsten zurückzuverfolgen.

Die Herkunft dieser Bewegungsorganellen zu erklären wird nicht zuletzt dadurch erschwert, dass es für diese Gruppe von Zellstrukturen viele Namen gibt, die nur Verwirrung stiften. Der entscheidende Teil der Theorie beginnt mit dem Körperchen an der Basis der Cilien.

Die rätselhaften Centriolen-Kinetosomen dienen als winzige »Keimzentren«; wie von Zauberhand entspringen dort der Schwanz der Samenzellen, die Cilien und bei manchen Organismen die Mitosespindel, die bei der Zellteilung für die Bewegung der Chromosomen unentbehrlich ist. In einer Zelle können je nach Abstammung ein oder mehrere Centriolen-Kinetosomen heranwachsen, und zwar entweder in Verbindung mit bereits vorhandenen Centriolen oder scheinbar aus dem Nichts (was man dann als *denovo*-Entstehung von Centriolen-Kinetosomen bezeichnet). Entscheidend ist dabei der zeitliche Ablauf. Eine nackte Zelle kann viele Centriolen-Kinetosomen als »Keimzentren« bilden, von denen dann unmittelbar Ausstülpungen ausgehen. Alle diese »Keimzentren« sind aus dünnen Proteinröhren zusammengesetzt, den Mikrotubuli. Das Protein, aus dem die Wände dieser Röhren bestehen, nennt man – wie könnte es anders sein – Tubulin.

Endgültig anerkannt wurde die Vorstellung von der symbiontischen Entstehung der Mitochondrien und Plastiden nach der Entdeckung, dass die Organellen beider Typen eine eigene DNA enthalten, die sich von der im Zellkern unterscheidet und in ihrem Aufbau eindeutig bakteriell ist. Die DNA dieser Organellen codiert ihre eigenen, ungewöhnlichen Proteine. Im Inneren der Mitochondrien und Plastiden findet genau wie in frei lebenden Bakterien Proteinsynthese statt. Wie die beiden Molekularbiologen Ford Doolittle und Michael Gray von der Dalhousie University im kanadischen Halifax zeigen konnten, sind die DNA-Sequenzen in Mitochondrien und Plastiden denen von bestimmten, selbständig lebenden Bakterien äußerst ähnlich. Diese und viele andere Befunde galten in der wissenschaftlichen Welt allgemein als Beweis für die gemäßigte »3-aus-4«-Version der SET.

Wie aber steht es nun mit meiner »extremen« Theorie? Gibt es auch Überbleibsel eines weiteren Bakteriums, eines Urahns der Centriolen-Kinetosomen, in den kernhaltigen Eukaryotenzellen? Nach meiner Überzeugung war die Aufnahme des Bakteriums, das zum Centriol-Kinetosom wurde, der eigentliche Vorgang, durch den die Eukaryotenzellen überhaupt erst entstanden sind! Wenn ich damit recht habe, ist die Symbiogenese der Faktor, der alle kernhaltigen Zellen von den bakteriellen Lebensformen unterscheidet. Dazwischen gibt es nichts – eine Gruppe von Lebewesen ist entweder durch Symbiogenese entstanden oder nicht. Nach meiner Überzeugung entwickelten sich alle kernhaltigen Lebewesen (Protoctisten, Pflanzen, Pilze und Tiere) durch Symbiogenese: Archaebakterien verschmolzen mit den Vorfahren der

Centriolen-Kinetosomen, und so kam es zur Evolution des eigentlichen Ur-Protisten: der ersten Zelle mit einem Zellkern.

Auch die einstmals fremde Zelle, die zum Centriol-Kinetosom wurde, hat noch heute frei lebende Verwandte. Es sind die Bakterien, die wir als Spirochäten kennen. Ihre frühen Vorfahren, die sich wild, hungrig und verzweifelt ringelten, drangen in viele Archaebakterien ein, von denen manche der heutigen Gattung *Ther-*

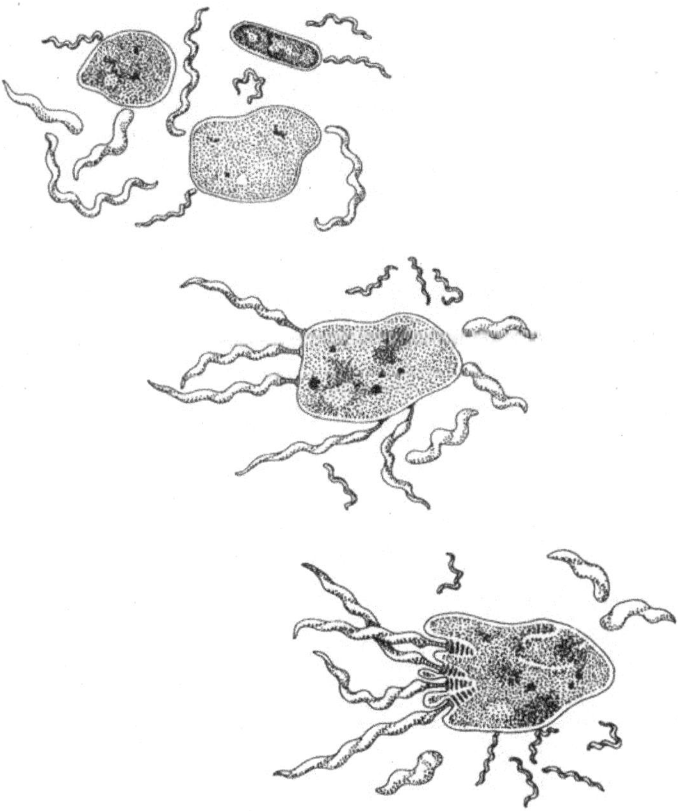

Spirochäten werden zu Undulipodien; Zeichnung von Kathryn Delisle

moplasma ähnelten. Den Invasionen folgte der Waffenstillstand. Nach meinen Überlegungen entstanden die ersten kernhaltigen Zellen, als Spirochäten und Archaebakterien in verschmolzenem Zustand überlebten. Die kernhaltige Zelle entstand durch Symbiogenese.

Es gibt auch andere »extreme« Versionen der SET. Dr. Hyman Hartman, Wissenschaftler am NASA Arnes Research Center in Moffett Field in Kalifornien, äußerte die Vermutung, auch der Zellkern selbst sei ursprünglich ein frei lebendes Bakterium gewesen; in Einzelheiten ging er dabei jedoch nicht. Die Vorstellung vom »Zellkern als Symbionten« wurde erstmals allerdings nicht von dem wuschelköpfigen Hartman geäußert, der noch heute höchst lebendig ist, sondern von dem 1921 verstorbenen Russen K. S. Mereschkowsky. Dieser behauptete nie, die Mitochondrien seien als Symbionten entstanden, denn als er seine Arbeiten verfasste, verstanden weder er noch sonst irgendjemand, was Mitochondrien eigentlich sind. Bevor es das höchst leistungsfähige Hilfsmittel des Elektronenmikroskops gab, hatte man über zwanzig Begriffe für die kleinen Körperchen in den Zellen, in denen man später die Mitochondrien erkannte. Erst Mitte der sechziger Jahre, als sich die Möglichkeiten der Mikroskopie verbesserten, konnte man diese Bezeichnungen zusammenfassen und ihre Bedeutung aufklären.

Im Gegensatz zu Hartman und Mereschkowsky glaube ich nicht, dass der Zellkern symbiontischen Ursprungs ist. Soweit ich weiß, gibt es in der Welt der Mikroorganismen keine frei lebenden Bakterien, die einem Zellkern ähneln. Nach meiner Überzeugung hat sich der Zellkern als Reaktion auf das erzwungene Zusammenleben *Thermoplasma*- und Spirochäten-ähnlicher Bakterien entwickelt. Die »neuen Zellen« entstanden und wurden größer, während ihre interagierenden Membranen sich vermehrten. Die genetischen Verhältnisse wurden durch die doppelte Abstammung komplizierter.

Radney Gupta von der McMaster University präsentiert nach wie vor detaillierte, wenngleich etwas abseitige Belege dafür, dass die ersten kernhaltigen Zellen »Chimären« waren. Er stützt sich dabei ausschließlich auf Analysen der Aminosäuresequenzen in vielen unentbehrlichen Proteinen. Er bedient sich zwar anderer Begriffe und eigener Kriterien, aber unsere grundsätzlichen Vorstellungen sind die gleichen: Die Vorfahren der ersten Zellen mit einem membranumhüllten Kern gingen aus der Verschmelzung von Archaebakterien und Eubakterien hervor.

Kernhaltige Zellen waren nach übereinstimmender Ansicht aller Fachleute eine entscheidende Neuentwicklung in der Evolution des Lebens auf der Erde. Die ersten Mikroorganismen, die einen Zellkern besaßen, waren kleine, schwimmende, sauerstoffmeidende Zellen. Heute würde man sie dem Reich der Protoctisten zuordnen. Die kleinsten noch lebenden Angehörigen dieser buntscheckigen Gruppe sind so winzig wie Bakterien. Aber obwohl sie in Bereichen ohne Sauerstoff leben, sind sie keine Bakterien, denn sie besitzen einen Zellkern und viele andere Merkmale kernhaltiger Zellen.

Was war geschehen? Im Gegensatz zur Umwelt außerhalb der Zellen, die immer der Bedrohung durch Austrocknung, Nährstoffmangel, Gifte und andere potentielle Missstände ausgesetzt ist, ist das Milieu im Inneren beständig voller Wasser und Nährstoffe. Ein Spirochät (und jedes andere schwimmende Bakterium), der die Membranschranke eines Archaebakteriums überwand, konnte sich einer stetigen Versorgung mit Energie und Nährstoffen erfreuen. Schließlich glichen sich Angreifer und Opfer mit ihrer Fortpflanzungsgeschwindigkeit einander an. Angreifer, die ihr lebendiges Zuhause überschwemmten, überlebten nicht lange. Wie wir heute wissen, werden Angreifer zu Symbionten und können sich im Laufe der Zeit zu Organellen entwickeln. Nach der Vereinigung werden neue Überlebenskunststücke sichtbar. Ich stelle mir vor, wie sauerstoffmeidende Zellen sich auf der Suche nach regelmäßigen Mahlzeiten wanden und an den Rändern und Innenseiten der Archaebakterien festhefteten. Die so besiedelten Archaebakterien konnten sich schneller fortbewegen, weil ihre angekoppelten Mitbewohner niemals aufhörten, sich zu bewegen. Kernhaltige Zellen verdoppeln sich durch Mitose, einen Vorgang, den man auch »Tanz der Chromosomen« genannt hat. Wie diese Art der Zellteilung aus der unaufhörlichen Bewegung lebender Spirochäten hervorgegangen sein mag, habe ich an anderer Stelle beschrieben.

Zusammen mit meinen früheren und jetzigen Doktoranden überprüfe ich weiterhin die »extreme« Hypothese. In unserem hypothetischen Szenario lassen sich Überbleibsel der ursprünglichen Verschmelzung im heutigen Verhalten und in den chemischen Reaktionen aller kernhaltigen Zellen nachweisen. Natürlich brauchen wir weitere Belege, schon um uns selbst voll und ganz zu überzeugen.

Entscheidend ist die Reihenfolge der Ereignisse in der Evolution. Die korkenzieherförmigen Spirochäten sind die Rennfahrer in der Welt der Mikroben. In zähflüssigen Substanzen wie Schlamm, Schleim und lebendem Gewebe schießen diese Bakterien hin und her, nach oben und unten, nach links und rechts. Wie heute, so überholten sie auch in ferner Vergangenheit andere Bakterien spielend. Die schnellen und höchst vermehrungsfreudigen Spirochäten drangen in den Innenraum der Archaebakterien ein, und wer sich damit arrangierte, überlebte. Ihre Nachkommen sind heute unentbehrlich für die Bewegungen der Mitose und andere Vorgänge in komplexen Zellen. Die Partner sind so eng verbunden, dass man die ursprünglichen Verhältnisse nur schwer rekonstruieren kann – aber unmöglich ist das nicht.

Alle Zellen mit Mitochondrien enthalten auch Mikrotubuli, Überreste der alten Bakterien mit ihren Schlängelbewegungen.

Dies steht im Einklang mit der Vorstellung, dass die Symbiose von Spirochäten und Archaebakterien sich als erste durchsetzte. Manche heutigen Zellen, die sich durch Mitose teilen, schwimmen können und Sauerstoff meiden, besitzen nach wie vor keine Mitochondrien. Daraus schließe ich, dass der Urahn aller eukaryotischen Lebensformen, der bereits zur Mitose fähig war, entstanden ist, bevor sich freier Sauerstoff ausbreitete.

Heute leben und schwimmen Spirochäten gleichermaßen in sauerstoffreichem wie -armem Milieu. Manchmal heften sie sich so geschickt an Nachbarzellen, dass Biologen den Anheftungspunkt fälschlicherweise für ein Centriol-Kinetosom und ihren Körper für eine Cilie halten. Heutige Spirochäten leben in gewaltiger Zahl im Darm gesunder holzfressender Insekten. Einige Arten bewohnen auch das menschliche Darm- und Hodengewebe. Manche gedeihen im Schlamm. Andere sind auf den durchlässigen Membranen von Protisten zu Hause, beispielsweise auf Ciliaten, die ebenfalls im Schlamm leben, oder auf Trichomonaden. Ganz allgemein fühlen sich Spirochäten in feuchten, nährstoffreichen, dunklen Lebensräumen wohl. Ihr Leben besteht darin, sich zu schlängeln, zu fressen und sich fortzupflanzen. Die Vermehrung erfolgt durch Querteilung nach Art der Bakterien. Die Entwicklung zu Cilien begann damit, dass Spirochäten ins Innere verwundbarer Nachbarzellen eindrangen, sobald sie konnten, und dass manche von ihnen nie wieder herauskamen. Durch die Bewegungen zahlreicher kleiner Spirochäten entwickelten sich nach viel gegenseitiger Anpassung schließlich die ersten Protisten, kernhaltige, schwimmende Zellen.

Ich hoffe nach wie vor, dass sich das letzte Postulat der SET ebenfalls durchsetzen wird. Viele Kollegen haben mir allerdings bereits geraten, ich solle aufgeben.

Nach Art des freundlichen Dr. Jekyll und des bösen Mr. Hyde tauchen auch Centriolen und Kinetosomen nie gleichzeitig in einer Zelle auf, die sich gerade teilt. In vielen Zellen verwandeln sich die Centriolen in Kinetosomen, die ihre Ausstülpungen heranwachsen lassen, sobald die Zellteilung mit der Mitose zu Ende ist. Das weist darauf hin, dass es sich um ein und dasselbe Gebilde handelt. Schon 1898 registrierten der Pariser Physiologieprofessor L.F. Henneguy und Mihaly von Lenhossek in Budapest die Übereinstimmung von Centriolen und Kinetosomen im Tiergewebe und schrieben darüber. Das Szenario, dass die Centriolen sich in der Mitose fonpflanzen, sich von den Mitosepolen entfernen und zu Kinetosomen der Cilien werden, wird als »Henneguy-Lenhossek-Theorie« bezeichnet. Sie wurde nach dem Tod der beiden Wissenschaftler elektronenmikroskopisch nachgewiesen und war für mich der Anlass, mich des Doppelnamens »Centriolen-Kinetosomen« zu bedienen. Spirochäten bildeten nach meiner Überzeugung ursprünglich Anhänge an aufnahmebereiten Archaebakterien. Nachdem die Anheftungsstelle in Form einer Symbiogenese in die Zelle aufgenommen war, wurde sie zum heutigen Centriol-Kinetosom. Der Biologe David C. Smith von der Universität Oxford vergleicht die theoretischen Überbleibsel der symbiontischen Spirochäten im Inneren der kernhaltigen Zellen mit der Cheshire-Katze von Lewis Caroll. Genau wie die Katze, die langsam verschwindet und ein rätselhaft in der Luft schwebendes Grinsen zurücklässt, »so verliert auch der Organismus allmählich Stücke seiner selbst, wobei er immer mehr in dem allgemeinen Hintergrund aufgeht, bis nur noch einige Reste seine frühere Existenz verraten«.[1] Das aufgenommene Wesen wird zu einem Gebilde innerhalb des Partners. Nach Abschluss der Verschmelzung lässt sich der jeweilige genetische Beitrag der beiden Partner nur noch schwer auseinanderhalten.

In unserem Labor suchen wir nach Nukleinsäuren und Proteinen, die bei frei lebenden Spirochäten und Cilien häufiger Vorkommen als bei anderen willkürlich ausgewählten Lebewesen oder Zellorganellen. Derzeit laufen viele Untersuchungen, die meisten davon in medizinisch ausgerichteten Labors, in denen die Wissenschaftler nichts mit Evolution zu tun haben. Ich trage vor allem die Befunde zusammen.

Manche Zellen widerstehen eisigen Temperaturen in der Nähe des absoluten Nullpunkts. Dabei kommt der Stoffwechsel zum Erliegen. Nährstoffe, Abfälle und Energie fließen nicht mehr. Erwärmt man die Zellen jedoch wieder, funktionieren und wachsen sie einwandfrei. Die Zelle erinnert sich; die Information des Lebens liegt in ihrer Struktur. Abgetrennte Schwänze von Samenzellen, die keinen Zellkern, keine Mitochondrien und noch nicht einmal eine äußere Membran besitzen, überleben und schwimmen in einer Lösung mit dem richtigen Gleichgewicht von Nährstoffen und Energie noch bis zu einer Stunde lang. Diese Samenschwänze sowie die Cilien der Protisten aus der Gruppe der Ciliaten, die Cilien in den Zellen der weiblichen Eileiter und die Cilien in unseren Atemwegen (alles verschiedene Formen sogenannter »Undulipodien« mit ihrer charakteristischen Feinstruktur aus neun Mikrotubulipaaren) stammen nach meiner Überzeugung von einstmals frei lebenden Spirochäten ab, die in unsere archaebakteriellen Vorfahren aufgenommen wurden. Ich bin zuversichtlich, dass wir eines Tages den Beweis in der Hand haben werden, wenn die Gene für Bewegungsproteine und – noch wichtiger, weil sie sich nicht so schnell verändern – die Proteine selbst, die für Bewegung sorgen, identifiziert und sequenziert sind.

Der wichtigste Beleg für den bakteriellen Ursprung der Centriolen-Kinetosomen ist die Entdeckung einer möglicherweise übrig gebliebenen DNA bei einem grünen, schwimmenden Mikroorganismus. Besondere Gene, die John Hall, David Luck und Zenta Ramanis von der Rockefeller University bei der Grünalge *Chlamydomonas* fanden, codieren Merkmale, die sich auf die Schwimmstrukturen aus Centriolen, Kinetosomen und Mikrotubuli auswirken. Diese Gene liegen in einer Gruppe zusammen und sind von den normalen Genen des Zellkerns getrennt. Nachdem ich die Arbeiten der Wissenschaftler an der Rockefeller University gelesen hatte, war ich sofort vom Wahrheitsgehalt der »extremen« SET überzeugt. Bisher hatte noch niemand die Centriolen-Kinetosomen-DNA von der übrigen DNA einer Zelle getrennt und konnte insofern natürlich auch die Gene der Centriolen-Kinetosomen nicht unmittelbar mit denen frei lebender Spirochäten vergleichen. In ihrem Aufsatz von 1995 räumen die drei Wissenschaftler ein, die besondere Gengruppe, die mit den Centriolen-Kinetosomen und ihren Undulipodien zu tun habe, befinde sich im Zellkern. Sie fotografierten DNA ganz in der Nähe der beiden sich fortpflanzenden Centriolen-Kinetosomen der Algenzelle. Die Centriolen-Kinetosomen-DNA ist in manchen Entwicklungsstadien der Zelle von der DNA des Zellkerns zu unterscheiden, verbindet sich aber während Mitose und Zellteilung mit der übrigen DNA in den Chromosomen.

Joel Rosenbaum von der Yale University und andere Wissenschaftler konnten die Centriolen-Kinetosomen-DNA bei der gleichen Grünalge nicht nachweisen und leugnen daher ihre Existenz. Selbst indirekte Belege für die Spirochätenhypothese sind entsetzlich spärlich. Ich rechne durchaus damit, dass ich unrecht haben könnte. Vielleicht besiedelten nicht Spirochäten, sondern andere Bakterien, beispielsweise die grünen Eubakterien aus der Hypothese von Gupta, die keinen Schwefel verarbeiten können, andere Zellen vor langer Zeit. Vielleicht war am Ursprung der allerersten schwimmenden Eukaryotenzellen überhaupt keine Symbiose beteiligt. Mit Sicherheit sind sowohl Carl Woese als auch Max Taylors Kollege Cavalier-Smith anderer Ansicht als ich. Sie messen der Symbiogenese für die Entstehung der ersten anaeroben Protisten keinerlei Bedeutung bei. Dennoch braucht man meines Erachtens keinen Sherlock Holmes für die Vermutung, dass ein Mikroorganismus in der entfernten Vergangenheit die Schwimmgeschwindigkeit der späteren Bakteriengemeinschaft erheblich beschleunigte. Die gleiche Beweglichkeit haben seine Nachkommen noch heute.

Die Neuronen, das heißt die Nervenzellen in unserem Gehirn und in unseren peripheren Nerven, sind voller Mikrotubuli aus dem Protein Tubulin. Aus ganz genau den gleichen Mikrotubuli bestehen auch die Cilien, die Schwänze der Samenzellen und die Wände der Centriolen-Kinetosomen. Axone und Dendriten, Auswüchse der Nervenzellen, mit denen wir in unserem Gehirn die Information verarbeiten, besitzen ein Gerüst aus Mikrotubuli. Wenn meine radikale Symbiogenesetheorie stimmt, wird auch unser Gehirn selbst einschließlich der Denkleistung, die zum Lesen dieses Satzes erforderlich ist, nur durch die Mikrotubuli aus Proteinen möglich, die sich zuerst in Bakterien entwickelten. Und selbst wenn die Forschung zeigen sollte, dass meine Spirochätenhypothese falsch ist, stellt das Nachdenken über Symbiose selbst ein symbiontisches Phänomen dar. Der Sauerstoff, den wir atmen, gelangt aus unserem Blut ins Gehirn und wird unaufhörlich von den Mitochondrien umgesetzt, die, wie wir wissen, einst atmende Bakterien waren. Ob nun die schlängelnden Spirochäten zum innersten Kern unseres Wesens gehören oder nicht: Wir bleiben symbiontische Wesen auf einem symbiontischen Planeten.

4 Der Name der Rebe

Much Madness is divinest Sense –
To a discerning Eye –
Much Sense – the starkest Madness –
Tis the Majority
In this, as All, prevail –
Assent – and you are sane
Demur – you're straightway dangerous –
And handled with a Chain –

(Wahnsinn ist oft der höchste Sinn
Für den, der ihn versteht –
Und Sinn – der tollste Wahnsinn oft –
Nur die Majorität Entscheidet hier wie überall –
Wer zustimmt – ist gesund –
Wer abweicht – ist gefährlich – und
Braucht Ketten wie ein Hund –)

Deutsche Version zitiert aus Dickinson, E.
Guten Morgen, Mitternacht – Gedichte und Briefe.
Berlin (Henssel Verlag) 1987, S. 23.

Die Namen von Lebewesen hören sich unschuldig an, und das Gleiche gilt für die Bezeichnungen ihrer Gruppen. Und doch hat die auf den ersten Blick langweilige Übung des Benennens und Unterteilens mein Leben als Wissenschaftlerin tiefgreifend beeinflusst. Eine fehlerhafte Taxonomie führte mit der gleichen Perfidie in die Irre wie unausgesprochene Voreingenommenheit oder religiöser Glaube. Die Symbiogenese gerät in unmittelbaren Konflikt mit weit verbreiteten und beliebten Annahmen, und das ist einer der Gründe, warum sie erst so spät anerkannt wurde.

Taxonomie ist die Wissenschaft, die sich mit der Bestimmung, Benennung und Einteilung von Lebewesen befasst. Mit Namen und Klassifikationsschemata kann man riesige Informationsmengen organisieren. Ein biologisches System lässt wie eine Landkarte ausgewählte Unterscheidungsmerkmale hervortreten. Aber wie es schon in einem Satz heißt, der durch den englisch-amerikanischen Philosophen und Anthropologen Gregory Bateson berühmt wurde: »Die Karte ist nicht das Gelände.« Ebenso wenig ist der Name das Lebewesen. Oft wird die Vergangenheit eines einzelnen Lebewesens in einen Stammbaum eingetragen. Solche Stammbäume wachsen in der Regel vom Erdboden aus nach oben: Ein einziger Stamm verzweigt sich in viele Abstammungslinien, wobei die einzelnen Äste jeweils von gemeinsamen Vorfahren ausgehen. Die Symbiose macht aber deutlich, dass solche Bäume eine idealisierte Darstellung der Vergangenheit sind. In Wirklichkeit wächst der Baum des Lebens häufig in sich selbst zurück. Arten begegnen sich, verschmelzen und bringen neue Lebewesen hervor, die wieder von vorn anfangen. Eine solche Vereinigung von Zweigen – seien es nun Blutgefäße, Wurzeln oder Pilzfäden – bezeichnet man in der Biologie als Anastomose. Dieser Begriff – »netzbildende Zweige« – ist eine wunderschöne Lautmalerei. Man kann die Verschmelzung geradezu hören. Der Baum des Lebens ist ein verwickeltes, verwobenes, pulsierendes Gebilde mit Wurzeln und Ästen, die sich unter der Erde und in der Luft treffen, um sonderbare neue Früchte und Kreuzungen hervorzubringen. Die Anastomose ist zwar nicht so häufig wie die Verzweigung, aber von ebensolcher Bedeutung. Wie die Sexualität, so führt auch die Symbiose einzelne Lebewesen, die zuvor in der Evolution entstanden sind, in einer neuen Partnerschaft zusammen. Und wie die Sexualität, so führen auch manche Symbiosen zu dauerhaften Verbindungen mit einer stabilen, fruchtbaren Zukunft, während andere sich schnell wieder auflösen. Die Wechselwirkungen, die sich in jeder Generation genetisch verbundener Lebewesen abspielen, stellen alle Schulbuchabbildungen des Lebensbaums in Frage.

Das mittlerweile berühmte Bild, das wir verwenden und an dem viele andere mitgearbeitet haben, wurde Mitte der achtziger Jahre von meinem ältesten Sohn Dorion Sagan geschaffen: Es zeigt die Metapher einer Hand, deren fünf Finger jeweils eine Hauptgruppe von Lebewesen darstellen (siehe die Abbildung auf der folgenden Seite). Man kann fünf große Reiche unterscheiden: sämtliche Bakterien (die Monera oder Prokaryoten, deren Zellen keinen Kern besitzen), die Protoctisten (sämtliche Algen, Schleimpilze, Ciliaten und viele andere seltsame Lebewesen, die durch Symbiogenese entstanden sind und aus Zellen mit einem Zellkern bestehen), die Tiere (die sich ausnahmslos aus einem Embryo entwickeln, der seinerseits aus der Verbindung von Samen- und Eizelle hervorgeht), die Pilze (Hefen, große Pilze und mikroskopisch kleine Arten, die aus Pilzsporen entstehen) und die Pflanzen (die sowohl aus Sporen hervorgehen können als auch – bei anderen Gelegenheiten – aus sexuell entstandenen Embryonen, auch wenn nicht alle Arten zur Photosynthese fähig sind). Jeder Finger der Lebenshand mit Ausnahme der Bakterien hatte mehrere symbiontisch lebende Mikroorganismen als Vorfahren.

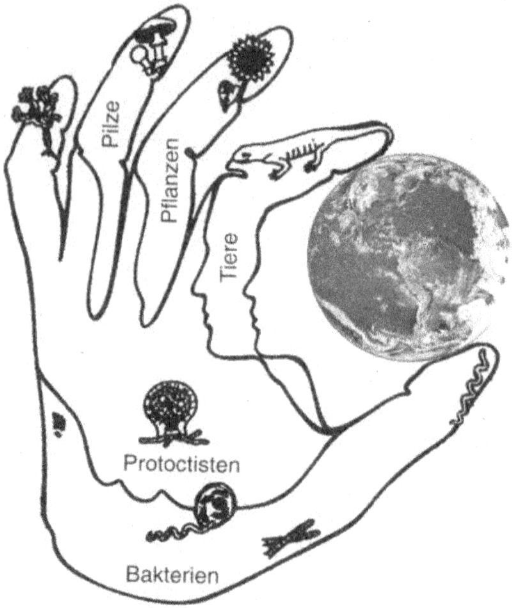

Die Hand der fünf Organismenreiche; Zeichnung von Dorion Sagan.

Als Ivan Wallin von der Columbia University in den zwanziger Jahren die Vermutung äußerte, Zellbestandteile wie Chloroplasten und Mitochondrien könnten ursprünglich symbiontisch lebende Bakterien gewesen sein, wurde er mit seinen Ideen rundheraus abgelehnt. In feinen Biologenkreisen machte man seine Theorie des »Symbiontizismus« lächerlich. Er wurde aus der seriösen wissenschaftlichen Welt ausgestoßen und gab mit 40 Jahren seine experimentellen Untersuchungen zur Symbiose auf. Bakterien waren Krankheitserreger und keine Stammväter entwicklungsgeschichtlicher Neuerungen. Mikroorganismen, darauf beharrten seine Kollegen, vollziehen nicht den Sprung vom freien Leben als Bakterien zum Dasein als Gefangene in Tierzellen. Wallin zog von New York nach Denver, wo an der dortigen Universität seine Karriere als Dozent und Wissenschaftler weitere vier Jahrzehnte lang gedieh, aber über den symbiontischen Ursprung der Organellen diskutierte er niemals wieder. Bakterien waren gefährliche Schädlinge; in Zusammenhang mit der Evolution des Lebens schrieb man nicht über sie. Außerdem strebten die Zweige der Stammbäume auseinander. Niemand, Mereschkowsky ausgenommen, vertrat die Ansicht, Äste könnten sich vereinigen.

Wie wir heute wissen, standen die Arbeiten des »Exzentrikers« Wallin stärker mit unseren heutigen Kenntnissen im Einklang als mit dem Denken seiner eigenen Zeit. Dass man seine Behauptungen nicht einmal kritisch unter die Lupe genommen hatte, lag unter anderem daran, dass man an einer starren Taxonomie festhielt. Jedes Lebewesen, das entweder wie ein Tier oder wie eine Pflanze wirkte, wurde rücksichtslos als das eine oder andere eingestuft. Verwirrend, aber aufschlussreich: Mikroorganismen, die schwimmen konnten, teilte man dem Tierreich zu; ganz ähnlich aussehende Mikroben dagegen, die grün und vorübergehend unbeweglich waren, erklärte man zu Pflanzen. Eine Botanikerin klassifizierte vielleicht alle Mikroorganismen und ihre Nachkommen als Pflanzen, einfach weil sie am botanischen Institut angestellt war. Ein Zoologe im Nachbargebäude dagegen vereinnahmte unter Umständen ein ganz ähnliches Lebewesen für sein Tierreich. Die Widersprüchlichkeiten schossen ins Kraut. Winzig kleine, kaum erkennbare Lebewesen wurden selbst dann, wenn sie genau gleich waren, von den Botanikern zu Pflanzen und von den Zoologen zu Tieren erklärt. Ähnliche Kämpfe fochten Mikrobiologen (Bakteriologen) und Mykologen (Pilzkundler) um Bakterien sowie Hefen und andere Pilze aus. Bedauerlicherweise ist diese malerische taxonomische Verwirrung auch heute noch im Schwange.

Dem Erfinder des Mikroskops Antoni van Leeuwenhoek (1632–1723) können wir es nachsehen, dass er die winzigen Geschöpfe, die er entdeckte, als *animalculi* (Tierlein) bezeichnete. Womit hätte er sie sonst vergleichen sollen? Unverzeihlich ist es aber nach meiner Überzeugung, wenn Wissenschaftler noch heute an dem Begriff *Protozoa* festhalten (der mit »erste Tiere« zu übersetzen ist) und damit schwimmende Lebewesen bezeichnen, deren biologische Merkmale eindeutig nicht die eines Tieres sind. Manche Mikroorganismen mit einem Zellkern, die man früher als Protozoen bezeichnete, sind zwar Vorfahren der Tiere, aber ebenso Vorfahren von Pflanzen, Pilzen und allen unbequemen Protoctisten. Die Ur-Protisten selbst, die nie aus einer Samen- oder Eizelle oder aus einem Tierembryo hervorgehen, sind keine Tiere. Die Gruppe ist erstaunlich vielfältig und umfasst noch heute über 50 große Abstammungslinien. Dazu gehören Diatomeen, Braunalgen, Ciliaten und viele weniger gut bekannte Gruppen von Lebewesen, in denen sich die »Allgegenwart des Lebens« widerspiegelt.[1] Ob Amöbe, Ciliat, Hypermastigot oder sonst etwas – Tiere sind sie nicht.

Ebenso zucke ich zusammen, wenn ich aus dem Mund von Biologen den Ausdruck »blaugrüne Algen« höre. Solche Lebewesen gibt es nicht; diese blaugrünen Wunderwerke sind in jeder Hinsicht photosynthetische Bakterien. Irreführend ist ebenfalls der Begriff »einzelliges Tier«, denn auch das gibt es nicht; ebenso wenig existieren »höhere, vielzellige Pflanzen«. Alle Tiere und Pflanzen entwickeln sich aus Embryonen, die definitionsgemäß aus vielen Zellen bestehen. Da es sich also bei allen Pflanzen und Tieren um Vielzeller handelt, ist das Adjektiv überflüssig.

Sprache kann verwirren und täuschen. Diese antiquierten Begriffe – »blaugrüne Algen«, »Protozoen«, »höhere Tiere«, »niedere Pflanzen« und viele andere – werden nach wie vor benutzt, obwohl sie dazu angetan sind, Unbehagen und Ignoranz der Biologie gegenüber zu fördern. Solche Beleidigungen des Lebendigen dienen jenen, deren Gehalt, Arbeitsplatz und gesellschaftliche Stellung von ihrer konservativen Einstellung abhängen. Dass man Wallins gute Ansätze bekämpfte oder nicht zur Kenntnis nahm, lag nach meiner Vermutung unter anderem daran, dass die vielen Biologen und Lehrer, die für die falsche Vorstellung von einer festgelegten Klassifikation eintreten, ihn gründlich missverstanden. Bakterien wurden damals wie heute fast immer als »feindliche Erreger« gebrandmarkt, die nur dazu bestimmt waren, mit den »Waffen« der modernen Medizin »besiegt« zu werden. Natürlich ist es lächerlich, sie vor allem mit militärischen, feindseligen Begriffen zu beschreiben: Die meisten Bakterien sind nicht gefährlicher als Luft, und wie Luft lassen sie sich aus unserem Körper und unserer Umwelt niemals beseitigen. Vielfach herrscht aber immer noch die irrige Ansicht, man solle alle vorhandenen Bakterien ausrotten. Bakterien, so noch heute – und viel stärker zu Wallins Zeit – die allgemeine Ansicht, müssen ausgemerzt werden. Wie können sie gesundes Gewebe »bewohnen«? Wallins Kollegen verwechselten die Landkarte mit dem Gelände.

Heute glauben die meisten Menschen, das Leben lasse sich ohne Weiteres in drei Kategorien einteilen: Pflanzen (als Nahrung und zur Verzierung), Tiere (beispielsweise unsere Haustiere, Meeresfrüchte und wir selbst) und Keime (die man besiegen muss). Wann mir klar wurde, dass diese Idee ebenso gefährlich wie verbreitet ist, weiß ich nicht mehr genau, aber es ist sicher schon lange her. An die Stelle dieses übermäßig vereinfachten, kulturell bedingten Unsinns versuche ich Vorstellungen zu setzen, die der hart erarbeiteten wissenschaftlichen Wirklichkeit näher kommen. Pflanzen und Tiere tauchten auf der Erde erst auf, als Bakterien bereits eine chemische und soziale Evolution von mindestens zwei Milliarden Jahren hinter sich hatten. Weder »Tier« noch »Pflanze« ist eine ewige Klassifikationskategorie. Beide wurden nicht ein für alle Mal von einem göttlichen Geist mit platonischer Neigung geschaffen. Neben allen heute lebenden Pflanzen und Tieren gibt es mindestens drei weitere Lebensformen. Und hier, bei den Nichtpflanzen und Nichttieren, liegt die wahre Vielfalt des Lebens.

Tiere und Pflanzen ähneln einander weitaus stärker als allen anderen Arten des Lebens auf der Erde! Dank der Elektronenmikroskopie und neuer molekularbiologischer Methoden zur Untersuchung der Feinheiten bei allen Organismen verstehen wir das buntscheckige Gemisch des Lebens auf der Erde besser als je zuvor. Anhand der langen Molekülketten von DNA, Ribonukleinsäure (RNA) und Proteinen können wir alles Leben mithilfe eines einzigen Maßstabs studieren. Die breite Trennlinie zwischen Tieren und Pflanzen, die ihren Platz seit Aristoteles behaupten konnte, löst sich auf. Unsere Klassifikationssysteme machen eine radikale Umgestaltung durch. Biologen erforschen die verblüffenden Eigenschaften der Mikroorganismen, darunter ihre Widerstandsfähigkeit gegen ungünstige Umstände und ihre Fähigkeit, in der Evolution durch symbiontische Bündnisse zu überleben.

Meine Untersuchungen an symbiontisch lebenden Mikroorganismen veranlassten mich, das System der biologischen Einteilung zunächst in Frage zu stellen und dann völlig umzugestalten. Seit über zwanzig Jahren sammeln Karlene Schwartz und ich bei unseren Kollegen und deren Veröffentlichungen taxonomische Befunde, um widersprüchliche, einschränkende biologische Klassifikationssysteme zu einem neuen, einheitlichen Schema zu verbinden. Unser Ziel ist eine möglichst genaue, anwendbare Beschreibung, in der sich der Verlauf der Evolution widerspiegelt. Die neue Einteilung umfasst zwei Schichten mit insgesamt fünf Organismenreichen. Die schärfste Trennlinie im gesamten Bereich des Lebens verläuft zwischen den Prokarya der ersten Schicht – das sind die Bakterien mit »prokaryotischen« Zellen, die nicht durch Symbiogenese entstanden sind – und der zweiten Schicht mit allen eukaryotischen Lebensformen. Alle Eukaryoten, Lebewesen mit kernhaltigen Zellen, haben sich in der Evolution durch Symbiogenese entwickelt. Zu dieser Gruppe gehören Protoctisten, Pilze, Pflanzen und Tiere. Das Schema mit den »fünf Reichen«, das auf Seite 74 dargestellt ist, wird immer nützlicher.

Der vielseitige deutsche Naturwissenschaftler Emst Haeckel hatte Respekt vor den Protisten und stellte ihr Reich neben die der Pflanzen und Tiere. Entdeckt wurde die Welt der Mikroben aber schon durch Antoni van Leeuwenhoek (1632–1723), der über 200 Jahre vor Haeckel geboren wurde. Van Leeuwenhoek, Tuchhändler aus dem niederländischen Delft, verbrachte genau wie ich ganze Tage mit Streifzügen durch den Mikrokosmos, aber er musste sich dazu seine Mikroskope selbst bauen. In der niederländischen Umgangssprache des 17. Jahrhunderts beschrieb er das wimmelnde Leben der Mikroben aus Pfützen, Teichen, dem Speichel junger Schönheiten und dem Durchfall von Trunkenbolden. Schließlich wurden seine Beschreibungen als Briefe an die Londoner Royal Society veröffentlicht. Viel später wurde dic darwinistische Vorstellung von der Evolution für die europäischen Gelehrten zum Anlass, nach den gemeinsamen Vorfahren allen Lebens zu suchen. Jetzt waren Leeuwenhoeks winzige Geschöpfe nicht mehr nur »Kuriositäten«, die ein Amateur-Naturforscher mit einer dem 19. Jahrhundert entsprechenden Weiterentwicklung des Leeuwenhoekschen Mikroskops vorzeigen konnte. Die Mikroskopiker sahen in den winzigen Lebewesen immer mehr die Vorläufer größerer Arten.

Natürlich wurden die Mikroorganismen erst lange nach ihrer Entdeckung formalen systematischen Kategorien zugeordnet. Nachdem Louis Pasteur bösartige, krankheitserzeugende Bakterien nachgewiesen hatte, wurden auch die kleinsten Lebewesen benannt und in ein Klassifikationsschema gepresst.

Schon lange vor Pasteur, im dritten Jahrhundert vor Christus, klassifizierte Aristoteles über 500 Tierarten. Da er sich ausschließlich seines scharfen Blickes bediente, sah er natürlich keine Mikroorganismen, und die Kategorien des Lebens hielt er für festgelegt und unveränderlich. Dennoch entsprechen manche seiner Kategorien immer noch unserer heutigen Einteilung. So stellte er beispielsweise die Delphine in die gleiche Gruppe wie die Landsäugetiere und nicht zu den Fischen. Später versuchte der römische Gelehrte Plinius (23–79 n.Chr.) in seiner 37-bändigen *Naturgeschichte* alle Lebewesen aufzuführen, über die jemals berichtet worden war. Er stützte sich dabei auf zahlreiche Informationsquellen und nahm in seinen Überblick auch Einhörner, fliegende Pferde und Meerjungfrauen auf. Im Mittelalter und bis in die Renaissance hinein fand man Beschreibungen von Lebewesen in Reiseberichten, und es wurden üppig illustrierte »Bestiarien« verfasst. In Elefantenskeletten sah man einen Beweis für Riesenmenschen, und die versteinerten Zähne von Haien deutete man als Überreste getöteter Drachen.

Zuverlässiger wurde die Taxonomie im Jahr 1686, als der Engländer John Ray (1627–1705) ein Nachschlagewerk mit Tausenden von Pflanzenarten veröffentlichte. Im Jahr 1693 erschien seine Einteilung der Tiere, die er nach den Unterschieden und Ähnlichkeiten im Körperbau vorgenommen hatte: nach Hufen, Klauen, Zähnen und anderen Merkmalen. Vor dem Hintergrund eines wachsenden Misstrauens gegenüber Gerüchten, Erzählungen und Phantasien, die in den Bestiarien als Tatsachen dargestellt wurden, behauptete Ray, Fossilien seien die Reste von Pflanzen und Tieren, die es heute nicht mehr gebe.

Das vollständigste Klassifikationsschema vor dem Zeitalter der Evolution veröffentlichte Carl von Linné (1707–1778), der berühmte Botaniker aus dem schwedischen Uppsala. Linnaeus, wie er mit seinem lateinischen Namen heißt, erfand eine Benennungsweise, die man später als binominale oder binäre Nomenklatur bezeichnete. Jeder Lebensform gab er zwei Namen, die sich in der Regel aus dem Lateinischen oder Griechischen ableiteten. Der »Vorname« bezeichnet die Gattung, das heißt die Gruppe, zu der das Lebewesen gehört, und der »Nachname« steht für die Art (Spezies). Diese Namen werden bis heute kursiv geschrieben, wobei der Gattungsname einen großen Anfangsbuchstaben erhält. Linnés System ist heute ein entscheidendes Element des biologischen Wissens. Alle Biologen erkennen in den beiden Namen die Gattung und die Art. Selbst japanische und chinesische Bücher sowie russische Werke, die sich des kyrillischen Alphabets bedienen, schreiben die Bezeichnungen für Art und Gattung in lateinischen kursiven Lettern. Alle Autoren und Naturforscher wissen unabhängig von Muttersprache und Herkunft, dass die Linnéschen Namen immer die gleiche Art von Lebewesen bezeichnen. Die Gattung ist die übergeordnete, umfassendere Einheit. Eine Art dagegen ist die kleinere, weniger umfassende Gruppe.

So gehören zum Beispiel alle Hunde zur Gattung *Canis*. Der Artname für den Haushund lautet *familiaris*. Der Wolf heißt *Canis lupus* und der Kojote *Canis latrans*. Menschen gehören zur Spezies *Homo sapiens*. Linné wandte seine Einteilung nur auf unseren Körper an; unsere Seele stand nach seiner Überzeugung außerhalb jedes Schemas, das der Mensch mit Fug und Recht einteilen darf. Die einzigen anderen Angehörigen der Gattung *Homo* sind heute ausgestorbene, als Fossilien bekannte Menschen wie *Homo habilis, Homo erectus* oder *Homo sapiens neanderthalensis*.

Linné fasste die Gattungen auch zu höheren Einheiten zusammen, die er Ordnungen nannte, und die Ordnungen gruppierte er zu Klassen. Später stellte der französische Anatom Georges Cuvier (1796–1832) die Ordnungen in »Verzweigungen«, große Gruppen, die den heutigen Stämmen entsprechen. Cuvier, dessen Arbeiten für die Sammlungen des naturhistorischen Museums in

Paris von großer Bedeutung waren, erweiterte Linnés Einteilung auf die Fossilien. Sowohl Cuvier als auch Linné glaubten, Arten seien für alle Ewigkeit eigenständige Formen, die ein allmächtiger Gott erschaffen habe. Cuvier hielt Fossilien für einen Hinweis auf frühere Lebensformen, die durch die biblische Sintflut und andere Katastrophen verschwunden waren. Entsprechend räumte er ein, manche Tiere seien ausgestorben. Er sah aber keinerlei Indizien, dass nach der Erschaffung der Welt durch Gott noch neue Lebensformen entstanden sein könnten. Linné und Cuvier wussten also noch nichts von der Evolution, aber mit ihrer genauen Beobachtungsgabe für die Verwandtschaft unter den Lebewesen waren sie ausgezeichnete Gelehrte. Ihre Arbeiten sind von dauerhaftem Wert. Sie förderten jene Denkweisen, die Ende des 19. und Anfang des 20. Jahrhunderts zu den Grundlagen der Evolutionslehre werden sollten.

Einer der Ersten, die sich für Darwins Evolutionstheorie einsetzten, war der deutsche Wissenschaftler Ernst Haeckel (1834–1919), ein hervorragender Naturforscher. Er erkannte, dass die Vorstellung von der Evolution für die alte Zweiteilung in Tiere und Pflanzen ein Problem mit sich brachte. Haeckel hatte nicht mit allen seinen Behauptungen recht – so glaubte er beispielsweise, Leben entstehe auch heute noch aus Unbelebtem neu. Unsere allerersten Vorfahren – manche davon, so behauptete er, lebten bis heute auf dem Meeresboden – wären seltsame Lebewesen gewesen, aus denen sowohl Pflanzen als auch Tiere hervorgegangen seien. Diese Vorfahren, so Haeckel, waren weder das eine noch das andere.

Haeckel erweiterte Darwins Vorstellungen von der Evolution, machte sie bekannt und wandte sie systematisch an. Er beschrieb viele neue Formen und zeichnete wunderschöne Bilder von den im Meer treibenden Planktonorganismen. Als erster Wissenschaftler ordnete er die Radiolarien und Foraminiferen, winzige

Meeresbewohner, die weder Tier noch Pflanze sind, in ein eigenes Organismenreich ein. Tapfer belegte er sie mit der Bezeichnung »Reich der Monera« – »Monera« bedeutet so viel wie »primitive Einheiten«. Die Grenzen von Haeckels Reich der Monera verschoben sich zu seinen Lebzeiten immer wieder. Manchmal nahm er auch die Amöben und Schleimpilze hinzu, die wir heute als Protoctisten einordnen, und in manchen Werken bezeichnete er sogar die Schwämme, die heute zu den Tieren gehören, als Monera. In einem Punkt jedoch war Haeckel in den vielen Auflagen seiner zahlreichen Bücher konsequent: Das alte Klassifikationssystem mit den zwei Reichen lehnte er ab. Er war wie ich überzeugt, dass die Zweiteilung in Tiere und Pflanzen den neuen Kenntnissen widersprach und dem Verständnis für die Evolutionsgeschichte des Lebens im Wege stand. Anders als Linné, der 10 000 von Gott geschaffene Arten klassifizierte, war Haeckel ein darwinistischer Evolutionsforscher.

Verfeinert wurde Haeckels Schema von Herbert F. Copeland (1902–1968), einem Biologielehrer aus Sacramento (Kalifornien). Er veröffentlichte 1956 ein kaum beachtetes kleines Buch, in dem er Haeckels Monera in zwei Reiche unterteilte.[2] Die Bezeichnung »Monera« reservierte er für die Bakterien, deren Zellen der Zellkern fehlt. Das zweite Reich, Protoctista genannt, entlehnte er aus den Arbeiten des britischen Naturforschers John Hogg aus dem Jahr 1860. Copeland ordnete alle Mikroorganismen, deren Zellen einen Kern besitzen, in das Reich der Protoctista ein. Dazu gehörten die herkömmlichen Protozoen, die Wasserpilze, die zur Fortpflanzung schwimmende Zellen nach Art der Samenzellen bilden, und alle möglichen Arten von Algen aus Hoggs Reich der Protoctisten. Auch viele andere seltsame Gruppen kernhaltiger Mikroorganismen und schleimiger, größerer Lebensformen bezeichnete er in einer einsamen Entscheidung als Protoctista. Er arbeitete mit niemandem zusammen und fragte niemanden um Erlaubnis, bevor er die Klassifikation seinem Schema entsprechend abwandelte. Mit seiner wichtigsten Entscheidung ordnete er einzellige und größere Pilze als Stamm Inophyta in seine Version des Protoctistenreiches ein.

Drei Jahre später entwickelte Robert H. Whittaker (1924–1980), Professor an der Cornell University, Copelands richtungweisende, aber praktisch völlig unbeachtete Taxonomie der vier Reiche weiter. Whittaker, der in Nordamerika das Forschungsgebiet der Ökologie von Lebensgemeinschaften begründete, hatte viele Jahre lang die Kiefernwälder von New Jersey untersucht.[3] Dabei erkannte er, dass die Pilze in diesen Wäldern, die meist zwischen den Wurzeln wuchsen und keine Photosynthese betrieben, ganz anders waren als Pflanzen und deshalb in ein eigenes Organismenreich gehörten. Whittaker grenzte fünf Reiche ab: Pilze, Pflanzen, Tiere, Hoggs Protoctisten (in Form der Protisten, der kleineren Angehörigen dieser Gruppe, die zu keinem anderen Reich gehören) und Haeckels Monera (Bakterien). Wie Copeland, so wies auch Whittaker darauf hin, dass es sich bei den ersten vier Gruppen um Eukaryoten handelt: Ihre Zellen enthalten immer einen Zellkern. Nur die Lebewesen des letzten Reiches besitzen keinen Kern und sind demnach Prokaryoten. Die Angehörigen dieser Gruppe, ausnahmslos Bakterien, blieben in Haeckels Gruppe der Monera, aus der Copeland alle Organismen mit einem Zellkern herausgenommen hatte.

Wie Copeland und Whittaker, so waren auch Karlene Schwartz und ich frustriert von der Zusammenhanglosigkeit, Widersprüchlichkeit und Uneinheitlichkeit in den Ansichten unserer Kollegen. Es fiel uns schwer, unseren Studenten die Dummheiten der botanischen und zoologischen Klassifikation beizubringen. Die botanische Einteilung war und ist oft noch heute nicht mit der zoologischen zu vereinbaren. Wir brauchten eine zusammenhängende, verständliche, sinnvolle Taxonomie, die wir anwenden und lehren konnten. Jahrelang trugen wir die Arbeiten vieler Fachleute und

Wissenschaftler zusammen: Sie stammten von Botanikern, Zoologen, Mikrobiologen, Protoctisten- und Pilzforschern, Algenkundlern (Phycologen) und anderen. Wir suchten nach einem Schema, das man lehren kann, nach einem auf die Evolution gegründeten Klassifikationssystem, in dem sich Zellmorphologie, Stoffwechsel, Genetik und Entwicklungsbiologie widerspiegeln. Eines war offensichtlich: Pflanzen und Tiere haben zwar unterschiedliche Überlebensstrategien, es gibt aber große Ähnlichkeiten in der Struktur. Beide bestehen aus Zellen, die in einem membranumhüllten Zellkern Chromosomen enthalten. Beide bringen Eizellen, Samenzellen und Embryonen hervor. Seit 1969, als wir in dem Fachblatt *Science*[4] zum ersten Mal über Whittakers System der fünf Reiche lasen, erschien es uns als das beste Abbild der in der Evolution entstandenen gewaltigen Vielfalt des Lebens. Aber alle großen Lebewesen haben unmittelbare Vorfahren unter den Mikroorganismen: Der Riesentang ist aus winzigen Goldalgen hervorgegangen, Schleimpilze haben sich aus Amöben entwickelt, und die Vorfahren der großen grünen Seetangarten waren mikroskopisch kleine Chlorophyten, Algen, wie es sie ganz ähnlich auch heute noch in großer Zahl gibt. Man kann die großen Organismen nicht von ihren winzigen nahen Verwandten trennen. Karlene Schwartz und ich schlossen uns deshalb Copeland an und belebten John Hoggs umfassenden Begriff *Protoctista* wieder; wir verwenden ihn für eine erweiterte, entwicklungsgeschichtlich stichhaltige Version von Whittakers Reich der »Protisten«. Den weniger formalen Begriff »Protisten« behalten wir für kleine Angehörige der Gruppe Protoctista bei (siehe die Abbildung auf der nächsten Seite). Alle Protoctisten sind in der Evolution letztlich aus der Symbiose von Bakterien entstanden. Manche Protisten sind Einzeller, andere bestehen aus einer geringen Zahl von Zellen. Frei lebende Amöben sind beispielsweise Protisten. Amöben, Ciliaten und Algenzellen gehören zusammen mit Seetang und der koloniebildenden Form der Amöben, den Schleimpilzen, in die Gruppe der Protoctista. *Proto-*, wie in *Protozoa,* ist das griechische Wort für »der Erste«. Die Begriffe *Protist* und *Protoctist* dagegen (aus *proto-* und *-ctista,* das heißt »Erste verbreitete Wesen«) haben im Gegensatz zu »Protozoa« keine zoologische Nebenbedeutung. Ich bezeichne die Protoctisten als »wasserlebende Weder-Nochs«. Manche leben in Pfützen, andere in hohlen Baumstümpfen, wieder andere in Seen, und noch andere treiben im Ozean. Zwar sind

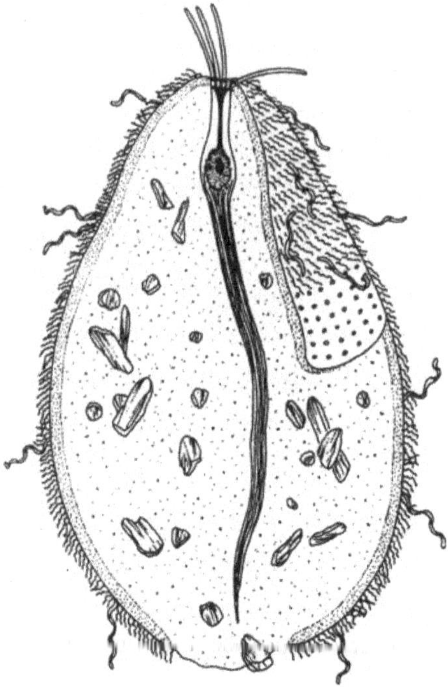

Mixotricha paradoxa, ein wasserbewohnender Vertreter der Protoctisten, ist aus mindestens fünf verschiedenen Lebewesen zusammengesetzt; Zeichnung von Kathryn Delisle.

sie ausnahmslos Wasserbewohner, aber alle sind weder Tier noch Pflanze. Obwohl sich aus bestimmten Protoctisten (den Zoomastigoten) die Tiere, aus anderen (den Chlorophyten) die Pflanzen und aus noch anderen (den Chytriden) die Pilze entwickelten, ist kein Protoctist selbst Tier, Pflanze oder Pilz.[5]

Viren gehören nach unserer Überzeugung zu keinem der fünf Reiche. Sie leben nicht, denn außerhalb lebender Zellen tun sie gar nichts. Viren brauchen den Stoffwechsel einer lebenden Zelle, denn ihnen fehlen die Voraussetzungen für einen eigenen Stoffwechsel. Stoffwechsel, der unaufhörliche chemische Vorgang der Selbsterhaltung, ist eine unverzichtbare Eigenschaft des Lebendigen, und er fehlt den Viren. Nur durch diesen ständigen Fluss von chemischen Verbindungen und Energie kann sich das Leben ununterbrochen selbst hervorbringen, reparieren und fortpflanzen. Nur in Zellen und in Organismen, die aus Zellen bestehen, läuft Stoffwechsel ab. Viren dagegen, ob sie nun in Pflanzen, Tiere, Pilze oder Protoctisten eindringen können, sind außerhalb der Membran einer lebenden Zelle völlig passiv. Dennoch spielen die Viren in der Geschichte des Lebens auf der Erde eine wichtige Rolle. Da sie auf fremden Stoffwechsel angewiesen sind, haben sich die ersten Viren in der Evolution vermutlich aus Bakterien entwickelt. Wahrscheinlich waren sie anfangs strahlengeschädigte Stücke von Bakterienzellen, die im Sonnenlicht lebten. Manche Viren haben eine recht komplexe Struktur und sehen im Elektronenmikroskop gelegentlich wie kleine Roboter oder Kanülen aus. Wie sich solche komplexen Formen trotz fehlenden eigenen Stoffwechsels entwickeln konnten, ist eine Frage, die ich nicht zu beantworten wage. Eines aber verdient besondere Erwähnung: Viren sind ebenso wenig »Keime« oder »Feinde« wie Bakterien oder menschliche Zellen. Viren verbreiten heute Gene unter Bakterien oder menschlichen und anderen Zellen, wie sie es immer getan haben. Wie die symbiontisch lebenden Bakterien, so sind auch Viren eine Quelle der entwicklungsgeschichtlichen Vielfalt. Die Populationen der virusinfizierten Lebewesen erhalten ihren Feinschliff durch die natürliche Selektion.

Wie alle Formen des auf Zellen basierenden Lebens, so werfen auch Viren Probleme auf, wenn sie in ihrem Lebensraum überhandnehmen. Dem gefürchteten Ebolavirus und anderen wirft man vor, dass sie in bestimmten Bevölkerungsgruppen verheerend wirken. Übermäßiges Wachstum der Viren und anderer Organismen ist aber in der Regel auf eine Schwächung und Zerstörung des Ökosystems zurückzuführen. Von unseren Viren können wir ebenso wenig geheilt werden, wie man uns vom Stirnlappen unseres Gehirns befreien kann: Wir sind unsere eigenen Viren.

Die zweigeteilte Taxonomie (Prokarya und Eukarya) mit den fünf Reichen spiegelt recht gut den Verlauf der Evolution wider. Damit ist sie der alten, irreführenden Zweiteilung in Pflanzen und Tiere weit überlegen. Zuerst entstanden die Bakterien. Sie spalteten sich in viele verschiedene Formen auf: rote, violette und grüne; vergärende, photosynthetische und sauerstoffatmende; schwefelproduzierende und sauerstoffproduzierende; ovale, wurmförmige und stäbchenförmige. Es entwickeln sich sogar große, baumähnliche Bakterien. Aber sie entwickelten sich nicht nur auseinander. Sie besiedelten sich auch gegenseitig und lebten schließlich ineinander. Sie umschwärmten Nahrungsquellen, darunter auch andere Bakterien. Da sie weder ein Immunsystem noch eine starre äußere Barriere besaßen, verschmolzen sie bei ihren Fressversuchen innerlich und tauschten – mit und ohne ihre Viren – Gene aus. Die Überlebenden der derart vereitelten Aggression bildeten widerwillige Allianzen. Verschmolzene, einstmals selbständige Bakterien wurden zu komplexen Zellen eines neuen Typs. Und als die Artbildung begann, entwickelten sich diese Komplexe zu Protisten. Die winzigen Protisten und ihre Kolonien wurden zu einer riesigen, vielgestaltigen Gruppe von Lebewesen. Heute leben etwa

250 000 Protoctistenarten. Und noch mehr sind bereits ausgestorben. Ihre winzigen Überreste, mikroskopisch kleine Fossilien, verraten uns etwas über ihr früheres Dasein.

Protoctisten sind winzige Organismen mit einem Zellkern, und sie haben einen vielfach gewundenen Evolutionsweg hinter sich, der unter anderem auch den Austausch zwischen einzelnen Zellen für die Paarung und Generationen mit einer Erwachsenenform einschließt. Die Nachkommen mancher Protoctisten wurden schließlich zu den Pflanzen und Tieren, die sich sexuell fortpflanzen. Die gemeinsame Evolution der symbiontischen Bakterien bei unseren Vorfahren führte zu unseren Ahnen, den Protoctisten. Jeder Mensch ist eine riesige Kolonie aus Mikroorganismen. Frühere Protisten sind heute reichhaltig ausgestattete Tiere mit differenziertem Gewebe und Organen. Karlene und ich sind überzeugt, dass unsere abgewandelte »Whittaker-Taxonomie der fünf Reiche« die Evolution der Protoctisten aus symbiontischen Bakterien sowie die der Tiere, Pflanzen und Pilze aus Protoctisten sehr zuverlässig widerspiegelt.[6]

Eine grundlegend andere, dreigeteilte Taxonomie schlugen Carl R. Woese und seine Kollegen von der University of Illinois in Urbana vor. Sie besteht aus den Archaea (die ursprünglich Archaebacteria genannt wurden), den Eubacteria (zu denen alle anderen Bakterien gehören) und den Eukarya (alle Lebensformen mit einem Zellkern). Diese Gruppen bezeichnet Woese als »Domänen«. Seine Eukarya – alle Lebewesen mit einem Zellkern – unterteilt er genauso wie wir, aber er räumt den Eukarya den gleichen Rang ein wie jeder seiner beiden Bakteriengruppen. Die vier Reiche der Eukaryoten (Protoctisten, Pilze, Tiere und Pflanzen) wirft Woese zusammen in einen Topf. Nach meiner Ansicht verschleiert er damit den entscheidenden Unterschied zwischen Prokaryoten und Eukaryoten, zwischen symbiogenetischen und nicht symbiogenetischen Lebensformen, anstatt ihn deutlicher zu machen.

Die beiden anderen Domänen in Woeses Einteilung sind, wie der Name schon sagt, Bakterien. Woese verglich die jeweilige RNA, eine unentbehrliche Substanz mit langen Molekülen, die in allen Lebewesen vorkommt, und nahm seine Einteilung aufgrund von Unterschieden in ihrer Sequenz vor, das heißt in der Reihenfolge ihrer chemischen Bausteine, der Basen. Er sammelte Befunde von fast tausend Lebensformen und stufte die einzelnen Prokaryoten entweder als Archaea oder als Eubacteria ein. Zu seiner Domäne der Archaea gehören einige Halobakterien (Prokaryoten, die nur in Salzwasser leben können) und die meisten säureliebenden Bakterien, die in heißen Schwefelquellen zu Hause sind. Auch alle Bakterien, die Methangas produzieren, werden den Archaea zugeordnet. Der griechische Begriff *Archaea* bedeutet »alt« und besagt, dass diese Lebensformen auf der Erde als erste auftauchten. Alle anderen Bakterien bezeichnet Woese als Eubacteria (»echte Bakterien«). Die Unterscheidung zwischen Archaea und Eubacteria, die sich vor allem auf die Sequenzanalyse von Genen stützt, lässt sich nur mit außerordentlich großem technischen Aufwand treffen. Trotz der Unterschiede sind sowohl Woeses System der drei Domänen als auch das System der fünf Reiche mit einer symbiontisch geprägten Sicht für die Evolution zu vereinbaren. Beide sind dem Tier-Pflanze-Anachronismus bei weitem überlegen.

In seiner Taxonomie der drei Domänen misst Woese den molekularen Unterschieden zwischen den beiden Bakteriengruppen eine weit größere Bedeutung bei als den Unterschieden zwischen einem Champignon und einem Elch. Mir erscheint das lächerlich, und der derzeit beste Evolutionsfachmann der Welt, Ernst Mayr von der Harvard University, stimmt uns voll und ganz zu. Kürzlich schrieb er mir, Woeses System finde derzeit Eingang in alle biologischen Lehrbücher, und meinte dann: »Ich werde wohl einmal ein wenig Lärm machen.« Er veröffentlichte einen Fachaufsatz über die Ähnlichkeiten zwischen Archaebakterien und anderen Bakterien sowie die Unterschiede zwischen allen Bakterien und den übrigen, mit Zellkern ausgestatteten Lebensformen.

Obwohl ich eine Freundin der Bakterien bin, ist unser erneut abgewandeltes, zweischichtiges Schema (Prokarya, Eukarya) mit seinen fünf Reichen, das 1998 veröffentlicht wurde, der Klassifikation mit drei Domänen bei weitem überlegen. Den höchsten Rang misst es dem Hauptunterscheidungsmerkmal aller Lebensformen bei: Es grenzt nicht symbiogenetische Zellen (Prokarya) von symbiogenetischen (Eukarya) ab. Als Nächstes unterscheidet es die Lebewesen danach, wie sie sich entwickeln: aus Sporen (Pilze), aus einem von mütterlichem Gewebe umgebenen Embryo (Pflanzen), aus einem Embryo in Form einer Blastula (Tiere) oder aus keinem davon (Protoctisten).

Wie Mayr, so sehe auch ich bei Woeses weniger biologischem System viele Probleme. Woeses Hauptkriterium, mit dem er alle Lebewesen unterscheidet, ist ein einziges Gen, ein bestimmtes Stück DNA, das eines der RNA-Moleküle des Organismus codiert. Die eine RNA, die dieser DNA-Abschnitt verschlüsselt, gehört zur kleinen Untereinheit des Ribosoms, eines kleinen Körperchens in der Zelle. Nur dieses eine Gen zieht Woese heran, obwohl schon eine kleine Bakterienzelle etwa 5 000 Gene besitzt. Das ist irreführend. Man muss die Lebewesen auf der Grundlage ihrer gesamten biologischen Merkmale einteilen. Zusätzlich verändert sich bei mindestens einem Protoctisten (dem Malariaparasiten *Plasmodium*) zu verschiedenen Zeitpunkten in seinem Leben die Sequenz dieses RNA-Gens. Wenn die RNA eines Mikroorganismus sich innerhalb weniger Stunden umstrukturieren kann, ist ihre Sequenz vermutlich nicht das beste Kriterium zur Abgrenzung der größten aller Gruppen. Das umfassendste Taxon, zu dem ein Lebewesen gehört, braucht eine breitere Grundlage. Zwischen den vier Reichen der großen Lebewesen können die meisten Menschen auf den ersten Blick unterscheiden, aber nur die wenigsten haben Zugang zu Woeses Sequenzierungsverfahren. Außerdem nimmt ein System, das Pilze, Pflanzen, Protoctisten und Tiere in einer Gruppe vereinigt, viele hart erarbeitete Befunde nicht zur Kenntnis. Ein Taxonomieschema muss ein System zum Abrufen von Informationen sein.

Ich habe gegen Woeses drei Domänen noch weitere Einwände. Prokaryoten geben im Gegensatz zu Tieren, Pflanzen und anderen Eukaryoten häufig einzelne Gene weiter. Archae- und Eubakterien tauschen Gene untereinander aus. Diese winzigen Lebewesen sind sich sehr ähnlich und gehören zusammen in ein Reich, eine Domäne oder wie man das umfassendste Taxon noch nennen will. Neben Molekülen und chemischen Substanzen in ihrem Inneren sind auch Körperbau, Verhalten und Entwicklung der einzelnen Lebensformen zu berücksichtigen. Selbst wenn man in der Rinde eines Bananenbaumes und der Haut eines Hundes genau die gleichen Gensequenzen fände, würden wir den Hund nicht so klassifizieren wie die Banane, sondern zusammen mit Wölfen und Schakalen. Die reichhaltige Tradition der biologischen Systematik, auf deren Grundlage die Botaniker ihre Pflanzen anhand der Blütenteile einteilen, wird durch neue molekularbiologische Erkenntnisse nicht über den Haufen geworfen, sondern ergänzt. Obwohl also Woeses gewaltiger Beitrag zu einer umfassenden Klassifikation meinen Beifall findet, trägt sein Schema mit den drei Domänen nach meiner Überzeugung nicht zur Klärung, sondern zur Verwirrung bei.

Der Wechsel zu Klassifikationssystemen, die sich auf die Evolution gründen, hat sich durchgesetzt. Die Bakterien entstanden als Erstes und brachten durch Verzweigung eine große Vielfalt hervor. Dann vereinigten sich einige Zweige durch Symbiogenese der Bakterien, und die Protoctisten entstanden. Aus einer reichen Auswahl von Vorläufern entwickelten sich manche Protoctisten zu Pilzen, andere zu Tieren oder Pflanzen. Die alten Gruppen blieben erhalten und streben weiterhin auseinander. Neue Formen können sich als vergänglich oder stabil erweisen. Arten müssen zwar grundsätzlich aussterben, aber die großen Gruppen, ob man sie nun Domäne, Reich oder anders nennt, bleiben bestehen.

Jedes Taxonomieschema wirft Probleme auf. Wenn wir etwas in eine Kategorie eingeordnet haben, versehen wir es häufig mit einem Etikett und stempeln es damit ab. Die Klassifikation verstellt uns den Blick für die Überfülle der natürlichen Organisation, weil sie begriffliche Schubladen schafft, die mit unseren vorgefassten Ansichten übereinstimmen. Klassifikation sollte unsere Erforschung der Natur widerspiegeln. Das zweischichtige System der fünf Reiche wird ständiger Überarbeitung bedürfen. Aber wo seine Schwierigkeiten auch immer liegen mögen, in jedem Fall setzt es nicht den uralten Fehler der Zweiteilung in Tiere und Pflanzen fort. Wir können das Leben in drei oder fünf oder eine Million Kategorien einteilen, aber das Leben selbst wird sich uns immer entziehen.

5 Aus Schaum geboren

What mystery pervades a well!
That water lives so far – …
Like looking every time you please
In an abyss's face!

(Welch Geheimnis erfüllt einen Brunnen!
Sein Wasser lebt so tief …
Als sähest du wann immer du magst
In eines Abgrunds Morast!)

Deutsche Version zitiert aus Dickinson, E. *Gedichte.* Stuttgart (Philipp Reclam jun.) 1970, S. 160

Ob bakteriell oder mit Zellkern: Die Einheiten des Lebens sind die Zellen. Alle Lebewesen, die man mit bloßem Auge sehen kann, sind aus kernhaltigen Zellen zusammengesetzt, und die erste derartige Zelle entwickelte sich, wie wir erfahren haben, durch die Verschmelzung von Bakterien. Aber wie entstand diese schwer fassbare Einheit, dieser Urahn alles irdischen Lebens? Wie kam es zu den Anfängen jener Ur-Zelle? Wie ist die allererste Bakterienzelle entstanden? Diese Frage entspricht genau der, wie das Leben überhaupt entstanden ist. Damit wir die SET, die nur von der

Neukombination, Verschmelzung und Vereinigung höchst unterschiedlicher Bakterien spricht, richtig einschätzen können, müssen wir zunächst einmal wissen, woher diese vielfältigen Bakterien eigentlich kamen. Oder kurz gesagt: Wir müssen die Geburt des Lebens aus dem Schaum verstehen.

Auf der Suche nach dem ökologischen Umfeld der ersten Zellen auf der Erde unternehmen meine Studenten und ich alle paar Jahre eine Pilgerreise nach San Quintin Bay in Baja California Norte in Mexiko. Wir suchen die sich ständig verlagernden Ufer der Laguna Figueroa auf, einem System von Lagunen, die von Salzebenen umgeben sind. Dort finden wir geschichtete, auffällig gestreifte Sedimente über geleeartigem Schlamm. Diese farbenfrohen Flächen am Meeresrand, die man auch »Mikrobenmatten« nennt, bezaubern mich – sie sind eine lebende Landschaft genau dort, wo das Meer auf Land trifft, vordringt und wieder zurückweicht. Zum Glück für unsere Untersuchungen ist das Gebiet für die überwiegende Mehrzahl der großen Lebensformen einschließlich des Menschen höchst unwirtlich. Ich stecke die Hände in den Schlamm der duftenden Mikrobenmassen und schnuppere an den Gasen, die sie austauschen. Wie in der Sphäre der Menschen, aber weder durch Befehl noch durch Notwendigkeit, ist auch hier der Tod Teil des Lebens. Das Potential zum Wachstum der Populationen wird abwechselnd unterdrückt und ausgeschöpft. Diese Küstenlebensgemeinschaften haben mehr als drei Milliarden Jahre überdauert. Jeden Tag sterben viele ihrer Bewohner, während die Gemeinschaft als Ganzes niemals über ihre Grenzen hinauswächst. Dies ist ein Garten Eden der Evolution, viel ursprünglicher als die grünste Wiese. Hier, in diesem Gewebe der Erde, gibt es so gut wie keine Tiere und Pflanzen. Selbst Protisten und Pilze sind selten. Vorwiegend gedeihen Bakterien. Wenn ich vor den Mikrobenmatten stehe, dann spüre ich, welch großes Vorrecht ich genieße. Ich schwelge in der Flucht, entzückt, die allgegenwärtige Hektik der Stadtmenschen hinter mir zu lassen, und begeistert von der Freiheit, über die entfernten Ursprünge des Lebens nachsinnen zu können.

Der Ursprung des Lebens ist eine mystische Vorstellung – nicht in dem Sinn, dass es ihn nicht gegeben hätte, sondern weil er an ein tiefgreifendes Gefühl des Geheimnisvollen rührt. Selbst Wissenschaftler müssen phantasievoll erzählen und ihre Beobachtungen in Schöpfungsgeschichten einbringen. Wie entstand die früheste Lebensform, die erste Bakterienzelle? Wie unterschieden sich die Urbakterien von der Umwelt, aus der sie doch hervorgegangen sein mussten? Eine solche Frage fällt nicht nur in das Gebiet naturwissenschaftlicher Forschung, eine angemessene Antwort ist auch für die SET unentbehrlich. Wir müssen wissen, wie die Bakterien entstanden sind und wozu sie wurden – erst dann können wir verstehen, wie einstmals unabhängige Bakterien zu unseren Zellen verschmolzen. Antworten auf die Fragen nach dem »Ursprung des Lebens« erwachsen aus dem Lebenswerk von Wissenschaftlern vieler Nationen. Die wissenschaftliche Version vom ersten Leben auf Erden ist unter den Schöpfungsmythen der Welt die am wenigsten engstirnige. Sie steht allen zur Verfügung, die sich die Mühe machen, etwas darüber in Erfahrung zu bringen.

Auf die Eigenschaften der kleinstmöglichen Bakterien, der ersten Lebensformen, kann man mit verschiedenen Methoden schließen. Zunächst vergleicht man alle Lebewesen und stellt fest, was sie gemeinsam haben. Solche gemeinsamen, absolut unentbehrlichen Merkmale alles Lebendigen – so lässt sich daraus ableiten – müssen seit unserem ersten bakteriellen Vorfahren erhalten geblieben sein. Die Kette des Lebens ist seit ihrer Entstehung nicht mehr zerrissen.

Ein zweiter Pfad zurück zum Beginn des Lebens führt über die Paläobiologie: Man untersucht Mikrofossilien, die Reste früher

Lebensformen. Manche von ihnen kann man bestimmten Zeitaltern zuordnen. Absolut datieren lassen sie sich, indem man das Alter des umgebenden Vulkangesteins misst.

Der dritte Weg geht über den Versuch, eine Zelle »nachzubauen«. Das ursprüngliche Milieu wird im Labor chemisch nachgeahmt. Manche Bausteine des Lebens hat man auf diese Weise aus einfacheren Verbindungen synthetisieren können, aber bisher ist im Labor noch nichts gelungen, was der »Geburt« einer Bakterienzelle auch nur nahekommt. Und selbst wenn das geschähe, könnten wir daraus natürlich nicht den Schluss ziehen, dass unsere unbeholfene Nachahmung tatsächlich der Weg war, auf dem die Zellen ursprünglich entstanden sind.

Aufgrund zahlreicher, mit unterschiedlichsten Methoden gewonnener Befunde bin ich mir heute mit anderen Fachleuten darüber einig, welches Szenario für die Entstehung der ersten Zelle auf der Erde am wahrscheinlichsten ist und sich gleichzeitig am besten untersuchen lässt. Vor den Zellen gab es zellähnliche Systeme. Heute verdoppelt sich kein Stück DNA, kein Gen außerhalb der Zelle, zu der es gehört. Und auch kein Virus repliziert sich, solange es nicht eine lebende Zelle besiedelt. Die kleinste Einheit von Leben, Selbsterhaltung und Fortpflanzung ist heute die Bakterienzelle, und bei ihr müssen wir ansetzen.

Niemand kann behaupten, er habe das Problem von der Entstehung des Lebens »gelöst«. Wir können aus chemischen Substanzen keine Zellen herstellen, aber zellähnliche, von einer Membran umhüllte Blasen bilden sich ganz von selbst, wenn man ein Gemisch aus Öl und Wasser schüttelt. In der Frühzeit der noch unbelebten Erde sorgten solche blasenförmigen Hohlräume für eine Trennung von Innen und Außen. Solche Vorstufen des Lebens, bei denen eine geeignete Energiequelle innerhalb einer fetthaltigen Membran lag, wurden chemisch immer komplizierter. Diese Ansicht vertritt auch Harold J. Morowitz, angesehener

Professor an der George Mason University in Fairfax (Virginia) und Leiter des Krasnow Institute for the Study of Evolution of Consciousness, in seinem amüsanten Buch über Mayonnaise.[1] Diese Fettblasen wurden größer und entwickelten die Fähigkeit zur Selbsterhaltung. Und durch Austausch von Teilen blieb auch ihre Struktur immer originalgetreu erhalten. Natürlich war dazu Energie erforderlich. Vermutlich floss zunächst Sonnenenergie durch die Tröpfchen; ein kontrollierter Strom von Energie führte schließlich zu den Gebilden, die zu lebenden Zellen wurden.[2] Das stabilste, das heißt langlebigste Tröpfchen behielt damals durch zufälligen Austausch von Teilen mit seiner Umwelt seine Form bei. Nach einer umfangreichen weiteren Evolution des Stoffwechsels, die sich nach meiner Überzeugung innerhalb der sich selbst erhaltenden Fettmembran abspielte, erlangten einige Moleküle, die Phosphat und mit Phosphat gekoppelte Nukleoside enthielten, die Fähigkeit zu einer mehr oder weniger genauen Verdoppelung.

Wie daraus schließlich die ersten Bakterien wurden, können wir nur erraten. Aber schon die ältesten Fossilien, die wir heute kennen, werden als Überreste von Bakterien gedeutet. Die wohl am besten erhaltenen – sie sind über 3,5 Milliarden Jahre alt – stammen aus dem südlichen Afrika. Schon allein, dass es diese sogenannten Swasiland-Mikrosphären gibt, ist ein Zeichen, dass Leben bereits gedieh, sich fortpflanzte und wuchs, nachdem die Erde nur 1,1 Milliarden Jahre zuvor als fester Gesteinskörper mit Atmosphäre und Ozeanen entstanden war. Heute zweifelt niemand mehr daran, dass das Leben auf unserem Planeten sehr alt ist. Da man dem Universum selbst, das durch die Explosion des Urknalls aus einer »Singularität« (punktförmige Struktur mit unendlich hoher Energiedichte) entstanden sein soll, ein Alter von 12 bis 15 Milliarden Jahren zuschreibt, nimmt das Leben auf der Erde mit mehr als drei Milliarden Jahren etwa ein Viertel der Lebensdauer des Universums ein. Und ebenso bezweifelt niemand, dass die ersten Lebensformen weder Pflanze noch Tier waren.

Als Materie, aus der alle lebenden Körper bestehen, gibt es uns in einem gewissen Sinn schon seit dem Ursprung des Universums. Die Materie im Körper aller Lebensformen – darunter natürlich auch der Säugetiere einschließlich uns selbst – lässt sich auf Kohlenstoff, Stickstoff, Sauerstoff und andere Elemente zurück führen, die bei den Sternenexplosionen, den Supernovae, erzeugt wurden.

Auf den ersten Blick mag es unwahrscheinlich wirken, dass alles Leben auf der Erde, alle Bewohner von Städten, Dschungel, Ozeanen, Wäldern und Wiesen, die Nachkommen eines Urbakteriums sein sollen. Wie konnte ein Bakterium oder einige wenige so fruchtbar sein? Aber wir brauchen nur daran zu denken, dass auch jeder von uns einst eine einzige Zelle war: das befruchtete Ei, die Zygote, die sich durch Zellteilung vermehrte, im Leib der Mutter zum Embryo und später der schreiende Säugling in ihren Armen wurde. Wenn eine einzige befruchtete Eizelle in neun Monaten zu einem Menschen werden kann, selbst wenn er noch hilflos, schutzlos und unbeholfen ist, – kann man sich dann nicht leicht vorstellen, dass alle heutigen Lebensformen im Laufe von über drei Milliarden Jahren aus einem einzigen Bakterium hervorgegangen sind?

In den kleinstmöglichen Zellen, denen der winzigsten Bakterien, die einen zehntausendstel Millimeter messen, kommt der Stoffwechsel nie zum Stillstand. Das heißt ganz einfach: Ständig laufen Hunderte von chemischen Reaktionen ab. Diese Zellen sind ganz und gar lebendig. Und wie die Forschung der jüngsten Zeit gezeigt hat, sind uns schon die winzigsten, einfachsten Bakterien sehr ähnlich. In ihrem Stoffwechsel setzen sie die gleichen Bestandteile um wie wir: Proteine, Fette, Vitamine, Nukleinsäuren, Zucker und andere Kohlenhydrate. Schon das einfachste Bakterium ist äußerst kompliziert. In seinem Inneren funktioniert es ganz ähnlich wie die größeren Lebensformen. Aus einer der einfachsten Zellen, einem Bakterium namens *Mycoplasma genitalium,* hat man bereits die gesamte DNA sequenziert, das heißt, wir kennen ihre Gene in allen Einzelheiten. Je eingehender wir DNA-Sequenzen und Stoffwechsel erforschen, desto deutlicher stellt sich heraus, dass alle Lebewesen seit den ersten Anfängen ihren Vettern, also allen anderen Lebewesen ähnlich sind. Die Zellen von *Mycoplasma* hören wie alle anderen Bakterien nie auf, Nahrung aufzunehmen und als Energie zu verwerten, ihren Salzhaushalt im Gleichgewicht zu halten, DNA, RNA und Proteine herzustellen und Substanzen ineinander umzusetzen, um sich selbst am Leben zu erhalten. Entschieden heben sie sich von ihrer Umgebung ab. Schon das einfachste Bakterium in der Frühzeit der Erde besaß wie die kleinsten Zellen unserer Zeit körperliche Integrität. Bereits das winzigste erste Bakterium war so kompliziert, dass Sir Francis Crick, einer der Entdecker der DNA-Struktur, etwas Erstaunliches behauptete. In seinem einflussreichen Buch *Life Itself* legt er dar, dass das Leben mit seiner überwältigenden Komplexität aus dem Weltraum auf die Erde gelangt sein müsse.[3] Die bakteriellen Lebensformen, so seine Vermutung, wurden von einer außerirdischen Zivilisation geschickt, um den Planeten Erde fruchtbar zu machen. Mit einem Ernst, an dem es nichts zu deuteln gibt, führt Crick aus: Ganz wie ein Gärtner, der Samen in den Boden seines Beetes einbringt, säte jemand die Ur-Zellen vor langer Zeit auf der Erde aus. Diese Idee, das Leben sei in Form von Samen aus dem Weltraum gekommen – sie heißt Panspermie oder »Pangenese« und wird schon seit Jahrhunderten vertreten –, scheint mir aus Unkenntnis der Evolution auf der Erde erwachsen zu sein.

Die problematische Frage nach dem Ursprung des Lebens in den Weltraum zu verlagern ist intellektuell unbefriedigend. Warum sollte Leben woanders einfacher entstehen können als auf der Erde? Ganz gleich, wo es die ersten Zellen gab: Ihre Entstehung hätte überall die gleichen Probleme aufgeworfen. Die Idee der Spontanzeugung hingegen handelt nicht von der Entstehung der Arten, sondern von der Entstehung des Aberglaubens.

In Europa glaubte man viele Generationen lang, Leben entstünde spontan aus Schaum und Schmutz. Verwesendes Fleisch, so hieß es, bringe Maden hervor. Aus Lumpen sollten Mäuse entstehen. Genaue Beobachtung und Experimente zeigten jedoch Zwischenstufen. Maden, das wissen wir, entstehen nicht aus Unrat, ganz gleich, wie kompliziert er chemisch aufgebaut ist. Sie wachsen vielmehr aus Eizellen von Fliegen heran, die befruchtet und abgelegt wurden. Aber die Maden, die in stinkendem Fleisch wimmelten, waren in der Vorstellung der Vorgänger von Louis Pasteur ein Zeichen, dass Lebendiges aus dem Zerfall selbst entsteht. In den sechziger Jahren des 19. Jahrhunderts setzte Pasteur gekochten Fleischextrakt der Luft aus, und zwar in einer Flasche, deren dünner, nach unten gebogener Hals zwar Luft eindringen ließ, aber weder Bakterien noch andere lebende Keime. In einer anderen Flasche, die Luft offen zutreten ließ, war der faulende Inhalt nach wenigen Tagen voller Bakterien und Pilze. Pasteurs »Kontrollversuch« jedoch, der Inhalt der Flasche mit der nach unten gerichteten Öffnung, verfaulte nicht. Die unveränderte Brühe wird noch heute im Pariser Pasteur-Institut ausgestellt. Damit hatte Pasteur eindringlich bewiesen, dass die letzten, die noch an Spontanzeugung glaubten, unrecht hatten. Welpen stammen von Rüden und Hundeweibchen; Babys stammen von Männern und Frauen. Fliegen entstehen aus Maden, Mäuse werden von befruchteten Mäusemüttern geboren. Und wie sie, so entstehen auch Mikroorganismen aus vorhandenen Mikroorganismen oder zumindest aus einem eingeschlechtlichen Eltern-Mikroorganismus.

Aber diese Geschichte entbehrt nicht der Ironie: Pasteur, ein gläubiger Katholik, deutete seine Befunde so, wie wir es noch heute tun: Alles Leben muss aus vorhandenem Leben der gleichen Art entstehen. Für Pasteur war damit aber auch bewiesen, dass keine Evolution stattfindet und nur Gott die vielen Arten des Lebens geschaffen haben kann. Heute stellen die Naturwissenschaftler diese Argumentation auf den Kopf: Alles Leben, so sagen sie, stammt nicht aus der Hand eines allmächtigen Gottes, sondern letztlich von den ersten Lebensformen, und diese haben ihren Ursprung in der unbelebten Materie des Sonnensystems.

Bakterien, davon überzeugte uns Pasteur, sind ebenso lebendig wie wir. Sie sind für Krankheit und verdorbene Lebensmittel verantwortlich. Pasteurs scharfsinnige Experimente wurden zu einem großen Vermächtnis. Er verhalf der heute vorherrschenden Ansicht zum Durchbruch: Die infektiösen, ja geradezu teuflischen Bakterien sind Keime, die man zerstören muss. Verstärkt wird die Vorstellung von den feindlichen Mikroorganismen durch die großen Erfolge der modernen Medizin. Sauberkeit, das Keimfreimachen chirurgischer Instrumente und insbesondere die Antibiotika werden als Waffen im Kampf gegen die aggressiven Mikroben bezeichnet.

Der ausgewogeneren Sicht von den Mikroorganismen als Vettern und Urahnen verleiht fast nie jemand Ausdruck. Die mühsam entdeckte Tatsache, dass diese »Krankheitserreger«, diese »Keime«, auch die Keimzellen alles Lebens sind, wird in unserer Kultur nicht zur Kenntnis genommen. Unsere Vorfahren, die Keime, waren Bakterien. Aber woher kamen die ersten Bakterien?

Spontanzeugung findet, wie Pasteur und andere triumphierend feststellten, heutzutage nicht statt. Aber diese Beobachtung wird von Kreationisten und anderen Dogmatikern falsch interpretiert: Sie behaupten, Leben sei *niemals* aus Unbelebtem entstanden. Nach Ansicht mancher Informationstheoretiker ist die Wahrscheinlichkeit, dass Leben sich aus Unbelebtem durch zufällige Wechselwirkungen von Molekülen organisiert, derart gering, dass dies einem »mathematischen Beweis« für den göttlichen Ursprung des Lebens gleichkommt. Aber die Annahme, Leben sei aus zufällig gemischten Molekülen entstanden, ist in meinen Augen falsch.

Die ersten gezielten Experimente zu der »Frage nach dem Ursprung des Lebens« machte man 1953. Stanley L. Miller, damals ein 22jähriger Doktorand des Nobelpreisträgers Harold C. Urey an der University of Chicago, füllte in seinem Labor Glaskolben mit Gasen, die über eine Oberfläche von sterilisiertem Wasser strömten. Diese winzige Nachbildung der chemischen Verhältnisse auf der Ur-Erde setzte er eine Woche lang immer wieder elektrischen Entladungen aus, mit denen er Blitze nachahmen wollte. Von den vielen organischen Verbindungen, die dabei von selbst entstanden, trennte er einige mit der Methode der Papierchromatographie. Unter anderem wies er Alanin und Glycin nach, zwei Aminosäuren, die in allen Proteinen und allen lebenden Zellen vorkommen. Begeistert zogen Miller und Urey daraus den Schluss, eine solche »Spontanzeugung« der chemischen Bausteine des Lebens sei eine natürliche Folge chemischer Wechselwirkungen.

Organische Verbindungen wie die, welche Stanley Miller gefunden hatte, sind nach unserer heutigen Vorstellung im Weltraum oder auf der Ur-Erde von selbst aus einfacheren Vorläufern entstanden. Über die chemischen Eigenschaften der Erdoberfläche in jener Frühzeit konnten Miller und Urey natürlich nur Vermutungen anstellen. Die Gase, die Miller in seine Glasapparatur brachte – Wasserstoff, Wasserdampf, Ammoniak und Methan –, erscheinen vernünftig gewählt. Sie alle enthalten viel Wasserstoff, und schließlich macht dieses Element, der wichtigste Bestandteil der Sonne, über 90 Prozent der Materie im gesamten Universum aus. Miller setzte voraus, dass Wasserstoff vermutlich auch auf den inneren Planeten in der Frühzeit des Sonnensystems reichlich vorhanden war. Daraus entstand die Vorstellung von einer »Ursuppe«, aus der das Leben in Form eines »Replikators« hervorging, einer komplexen Struktur ähnlich der, die in Millers Kolben schwamm oder an seinen Wänden klebte. Das Meer war nach unserem derzeitigen Wissen voller organischer Verbindungen, die sich lange vor der Entstehung des Lebens durch die Wirkung des Sonnenlichts und anderer Energiequellen gebildet hatten. Vermutlich lief ein Experiment nach Art von Miller im planetaren Maßstab ab. Wenn ein 22jähriger Mensch wie Stanley im Labor innerhalb weniger Tage Aminosäuren herstellen konnte, warum sollte dann das Labor Erde in einem Experiment, das tausend oder eine Million Jahre lief, nicht Leben hervorbringen?

Experimente aus neuerer Zeit bestätigen, dass man Vorläufer des Lebens tatsächlich im Labor unter Bedingungen herstellen kann, mit denen man die Verhältnisse auf der Ur-Erde nachahmt. Die Moleküle verbinden sich dabei aber nicht zufällig: Kohlenstoff, Wasserstoff, Stickstoff, Phosphor, Sauerstoff, Schwefel und die anderen Elemente des Lebens reagieren nach den Prinzipien der Chemie. Moleküle gehorchen den Gesetzen der Thermodynamik, der Wissenschaft von Wärme und Energie. Manche chemischen Reaktionen sind weitaus wahrscheinlicher als andere; die Vorstellung, alle chemischen Kombinationen seien gleichermaßen wahrscheinlich, mag bequem sein, wenn man die Unwahrscheinlichkeit des Lebens berechnen will, aber sie ist nicht korrekt. Und wenn wir außerdem annehmen, dass das Leben sich in zellähnlichen Lipidtropfen entwickelte, steigen die Chancen, dass dort ein System mit der Fähigkeit zur Selbsterhaltung entstand. Was dann folgt, ist eine Tendenz zu wachsender Komplexität.

Die spannendsten Forschungsarbeiten, die derzeit zum Thema »Ursprung des Lebens« laufen, sind nach meiner Ansicht die meines Freundes Harold Morowitz. Neben Raum, Zeit und Kausalität in der Biologie stellt er das »Gedächtnis«. Biologie, so behauptet

Morowitz, ist die Brücke zwischen Physik und Geschichtswissenschaft. Die ältesten Gesteine der Erde, beispielsweise die der Isua-Formation in Grönland, sind fast vier Milliarden Jahre alt. Alles Lebendige besitzt ein chemisches Gedächtnis, dessen Alter man nicht direkt bestimmen kann. Das Stoffwechselgedächtnis der heutigen Zellen geht höchstwahrscheinlich auf eine Zeit noch vor dem ältesten Gestein zurück. Manche Stoffwechselwege, darauf weist Morowitz hin, so beispielsweise die enzymatischen Schritte von den Fettverbindungen zu Steroiden wie Cholesterin, findet man nur bei Tieren. Andere aber gehören zum »Urstoffwechsel«: Diese Reaktionswege sind allen Lebewesen gemeinsam. Da manche chemischen Umsetzungen der Kohlenstoffverbindungen für jeden Stoffwechsel absolut unentbehrlich sind, müssen die ältesten von ihnen zu allen Zeiten in allen Zellen abgelaufen sein; solche chemischen Wechselwirkungen zwischen Kohlenstoff, Stickstoff, Schwefel und Phosphor bilden die Grundlage für die Selbsterhaltung der Zellen und waren von Anfang an vorhanden.[4] Wird dieser grundsätzlich notwendige Stoffwechsel durch Umweltbedingungen, tödliche Mutationen der DNA oder andere Einflüsse gestört, geht jede Zelle zugrunde.

Chemische Systeme in der Natur, die allmählich immer komplexer werden, sind nicht zwangsläufig lebendig, selbst dann nicht, wenn sie sich reproduzieren können. Solche Systeme bezeichnet man als *autokatalytisch*. Ein autokatalytisches System ist eine Reaktionskette, deren Endprodukt mit dem Ausgangsprodukt identisch ist. Manche Reaktionen dieses Typs hat man als »chemische Uhren« bezeichnet, weil sie nicht sofort einen Gleichgewichtszustand erreichen, sondern weiterlaufen und sich wiederholen. Eine farbenprächtige Abfolge solcher sich selbst erhaltender Reaktionen zeigt das Belousov-Zhabotinskii-System: In einer Schwefelsäurelösung, die Cer-, Eisen- oder Manganatome enthält, wird Malonsäure durch Bromat oxidiert. Alle diese Substanzen reagieren miteinander, und die Reaktion wiederholt sich immer und immer wieder; es entstehen konzentrische und spiralförmige Wellen, die oft stundenlang erhalten bleiben, bevor sich schließlich ein stabiler Endzustand einstellt. In der thermodynamischen Analyse interpretiert man solche Reaktionen als dissipative Strukturen, wie sie von dem belgischen Nobelpreisträger Ilya Prigogine beschrieben wurden. Als *dissipative Struktur* bezeichnet man ein System, das seine Funktion aufrechterhält, indem es nützliche Energie aufnimmt und nutzlose Energie – in der Regel Wärme – abgibt. Die Reaktionen dissipativer Systeme sind in mancher Hinsicht denen von Lebewesen und deren chemischen Reaktionen ähnlich. Aber alle chemischen Systeme, ob dissipative Struktur oder nicht, können nur kurze Zeit bestehen und geordnete Strukturen hervorbringen. Dann brechen sie auseinander.

Aus thermodynamischen Analysen und wissenschaftlichen Erfahrungen ziehen wir den Schluss, dass es keine Maschinen geben kann, die sich ständig bewegen: Die Energie als solche geht zwar nicht verloren, sie wird aber ein für alle Mal umgewandelt. Wärme, die sich verteilt hat, lässt sich nicht wiedergewinnen. Qualitativ hochwertige Energie, die Arbeit verrichten kann, geht im Laufe der Zeit verloren. Ein Schneemann schmilzt und kann nicht wiederauferstehen. Tassen und Gläser zerbrechen viel häufiger, als dass sie wieder zusammengefügt werden. Ein Zimmer in Unordnung zu bringen ist viel einfacher, als es aufzuräumen. In der Thermodynamik ist Unordnung das beherrschende Prinzip. Dass Energie verloren geht und Dinge zerfallen, um sich nie wieder zusammenzufinden, ist eine unausweichliche Tatsache, ein Naturgesetz. Dieses thermodynamische Prinzip der unausweichlichen Neigung zur Unordnung wird durch das Leben mit seiner komplexen Ordnung nicht verletzt. Leben ist immer auf seine eigene Quelle hochwertiger Energie angewiesen. Das Sonnenlicht durchströmt die Lebewesen und treibt zyklische Arbeitsabläufe an, ganz ähnlich wie die chemische Energie, die bei der Belousov-Zhabotinskii-Reaktion fließt. Aber da Zellen wuchsen, sich fortpflanzten und ihresgleichen hervorbrachten, kam die Chemie des Lebens nie mehr zum Stillstand, nachdem das Leben sich einmal entwickelt hatte. Steht dem Kreislauf des Lebens ein stetiger Strom von Energie und Nährstoffen zur Verfügung, stellen Zellen immer wieder Exemplare von sich selbst her. Chemischen Systemen fehlt das Selbst: Sie können nicht mehr von sich *selbst* erzeugen. Das Leben dagegen – Zellen und Organismen – besitzt immer ein Selbst. Diese Gebilde müssen ständig Energie aufwenden, um weiter zu existieren, aber das tun sie in untrennbarer Verbindung zu früherem Leben. Das Leben war seit seinem Beginn und ohne jede Unterbrechung immer chemisch mit seiner Vergangenheit verbunden.

Morowitz betont, die »Landkarte« des gesamten Stoffwechsels der Lebewesen, die von vielen hundert Wissenschaftlern vorwiegend seit Anfang des 20. Jahrhunderts erarbeitet wurde, sei eine der größten und am meisten unterschätzten geistigen Errungenschaften der Menschheit. Mehrere Nobelpreise wurden für die Entschlüsselung wichtiger Teilbereiche des Stoffwechsels, der Gesamtheit aller verflochtenen chemischen Reaktionen in den Zellen verliehen. Soweit ich weiß, versucht nur Morowitz, die Fülle der Einzelinformationen über den Stoffwechsel zu einem zusammenhängenden Ganzen zu verbinden, zu einer Linse, durch die wir einen Blick in die Frühgeschichte des Lebens werfen können.

Da Leben von seinem Wesen her ein System zur Speicherung von Erinnerungen ist, erscheinen mir manche Szenarien, die zur Erklärung seiner Anfänge entworfen wurden, von vornherein unwahrscheinlich. Kristalle, Glas, Koazervate, Ton und Pyrit (»Katzengold«) – all das soll schon der Schlüssel zu den präbiotischen chemischen Systemen gewesen sein. Deren Vertreter werben für

Felsspalten oder Lehmbröckchen als Orte des Lebensbeginns. Flüssigkeitsgefüllte Hohlräume gibt es in den membranumhüllten Zellen fast aller Lebewesen. Ähnliche Hohlräume, chemische Beutelchen, die man als Liposomen bezeichnet, entstehen auch ganz von selbst, unter anderem in sogenannten Lebensursprungs-Experimenten. Diese Tröpfchen, so scheint mir, stellen mit weitaus größerer Wahrscheinlichkeit das ursprüngliche, natürliche Milieu des Lebens dar als Pyrit, Lehm oder Glas. Hier kann man das Prinzip der Kontinuität, des Gedächtnisses allen Lebens anführen. Die sprichwörtliche Ursuppe, in der DNA und RNA frei herumschwammen, hat es nach meiner Überzeugung nie gegeben, denn Nukleinsäuren (DNA, RNA) werden viel leichter zerstört, als dass sie sich von selbst bilden. Membranstrukturen sind für das Leben eine *conditio sine qua non*. Heute sind Zellen die membranumhüllten Gebilde mit Identität und Integrität. Das Leben entstand in seiner zellulären Ganzheit. Die heutigen Zellen sind, wie Morowitz es formuliert, »eigentlich Fossilien«.

Die Gene aller heutigen Zellen bestehen aus DNA. Die RNA, die der DNA sehr ähnlich ist, wird in allen Zellen zur Synthese der Proteine gebraucht. Die genaue Aminosäuresequenz verleiht einem Protein den größten Teil seiner Struktur und bestimmt auch darüber, wie es wirkt, genau wie die Abfolge der Buchstaben einem geschriebenen Wort seine Bedeutung verleiht. Es gibt Proteine in vielfältigen Größen und Formen, und sie erfüllen Hunderte von Funktionen. Manche Proteine pumpen Ionen: Natrium, Wasserstoff, Phosphat, Kalium und so weiter. Andere sind mit Pigmenten verknüpft und nehmen in dunklen Augen, gefleckter Haut, grünen Cyanobakterien und Algenplastiden die Energie auf. Muskeln bestehen vorwiegend aus Protein; Blut, Haut und Zunge sind Komplexe aus vielen in Zellen verpackten Proteinen.

Eine Zelle ist in ihren Funktionen ein zweiteiliges System. Zunächst kopiert oder »repliziert« sie ihre Gene. Dieser Schritt der

Genherstellung ist die DNA-Synthese. Die DNA wird kopiert, und eine Kopie der Erbinformation wird in Reserve gehalten. Die andere wird »transkribiert«: Ausgewählte Teile des Genoms werden in eine RNA mit der gleichen Basensequenz umgeschrieben. An den Ribosomen, winzigen »Fabriken« in der Zelle, steuert die RNA dann die »Translation«, die Herstellung langer Proteinketten. Die verschiedenen Proteine – es sind etwa 3000–10000 Typen pro Zelle – bilden den größten Teil des Körpers eines Lebewesens. Wachstum heißt letztlich Proteinsynthese (und natürlich Wasseraufnahme). DNA, RNA und Protein, die sich gemeinsam in einem flüssigkeitsgefüllten Membranbeutel befinden, bilden die sich selbst erhaltende Struktur der Zellen. Aber RNA-Moleküle sind vielseitiger verwendbar als die entsprechende DNA. Unter geeigneten chemischen Bedingungen kann RNA ohne jegliches Protein in einem autokatalytischen Prozess neue Exemplare ihrer selbst herstellen. DNA dagegen ist sowohl auf die RNA als auch auf die Enzymproteine angewiesen, um ihre Verdoppelungsaufgabe zu erfüllen; DNA allein lebt nicht. Da RNA in der Lage ist, sowohl chemische Reaktionen zu beschleunigen als auch sich selbst zu verdoppeln, liegt die Vermutung nahe, dass sie in der Geschichte des Lebens früher vorhanden war als die DNA. Die RNA kann uns als Hinweis auf die Nähe zu den Lebensvorstufen dienen. Nichts Kleineres als eine lebende Zelle kann seine Identität aufrechterhalten und seinesgleichen in größerer Zahl hervorbringen. Das Leben war von Anfang an eine Zelle, eine Wechselwirkung zwischen den Molekülen der Gene (wie RNA) und der fettigen Membran, die sie von der Umgebung trennte.

Der Physiker Freeman Dyson hat die Vermutung geäußert, Leben könne aus einer molekularen Symbiose hervorgegangen sein, einem Zusammenschluss relativ formloser »Proteingeschöpfe« mit der RNA. Wie die meisten von uns sieht er in der RNA ein »Supermolekül«: Es kann sich wie die DNA selbst verdoppeln, aber im

Gegensatz zur DNA steuert es außerdem den Zusammenbau der Aminosäuren zu Proteinsequenzen. Nach meiner Ansicht gebraucht Dyson zwar das Wort *Symbiose* falsch, aber seine Sicht der unabhängigen Entwicklung makromolekularer Strukturen und der anschließenden starken Wechselwirkung hat etwas für sich.[5]

Wie auch Dyson weiß, lassen sich die einzigartigen Fähigkeiten der RNA-Moleküle in Laborexperimenten bestätigen. Der Physiker und Nobelpreisträger Manfred Eigen vom Göttinger Max-Planck-Institut wies Ende der sechziger Jahre nach, dass RNA-Moleküle allein sich im Reagenzglas verdoppeln können. Eigen und seine Kollegen, darunter Don Mills von der Columbia University und der mittlerweile verstorbene Sol Spiegelman von der University of Illinois in Urbana, konnten im weiteren Verlauf auch zeigen, dass die RNA im Reagenzglas mutiert und die neuen RNA-Moleküle sich dann schneller vermehren als ihre »Eltern«. Solche im Labor hergestellten RNA-Moleküle allein sind – wie Viren, Proteine oder gelöste DNA – tot. Aber wenn man derartigen chemischen Systemen die richtige Unterstützung bietet, können sie sich im Reagenzglas fortpflanzen und dabei mutieren.[6]

Anfang der achtziger Jahre machten Thomas Cech von der University of Colorado und Sidney Altman von der Yale University – beide waren damals noch sehr jung – die entscheidende Entdeckung. Manche RNA-Moleküle können sich nicht nur verdoppeln, sie wirken auch wie Proteine: Sie spleißen sich selbst, das heißt, sie ordnen ihre eigene Molekülform neu. Cech und seine Kollegen bewiesen ohne den Hauch eines Zweifels – das heißt ohne Proteinverunreinigungen –, dass RNA sich wie ein Protein verhält, das genetisches Material umordnet und neu organisiert. Solche RNA-Moleküle nennt man »Ribozyme«. Die Ribozyme, kleine RNA-Stücke aus chemischen Bausteinen, die man als Ribonukleotide bezeichnet, machen im Reagenzglas ganz von selbst eine Evolution durch. Ich möchte betonen, dass ein solches RNA-Gemisch – ob in einem Liposom eingeschlossen oder nicht – noch keine Zelle darstellt. RNA- und/oder DNA-Moleküle in einem Glaskolben sind nicht im geringsten lebendig. Ohne weitere äußere Eingriffe ist RNA oder DNA im Reagenzglas allein noch nicht einmal ein Virus. Ihre Moleküle sind Nahrung für unternehmungslustige Bakterien, Protisten und Pilze. Aber RNA-Moleküle entwickeln sich im Reagenzglas weiter, und das legt die Vermutung nahe, dass biochemische Evolution dem Leben vorausging. Gerald Joyce und Jack W. Szostak von der University of California in San Diego konstruierten Ribozyme, die die Verdoppelung der RNA beschleunigen. Und der Nobelpreisträger Wally Gilbert von der Harvard University prägte das Schlagwort von der »RNA-Welt«. Gilbert lenkte die Aufmerksamkeit auf die großen Fähigkeiten der RNA und äußerte neben anderen guten Ideen die Vermutung, eine sich selbst verdoppelnde, als Ribozyme wirkende RNA könne der innerste Kern der ersten lebenden Zelle gewesen sein. Auch ich bin Wallys Ansicht, dass RNA-Moleküle, die den Stoffwechsel beschleunigen und sich selbst verdoppeln, allen auf DNA basierenden Vorgängen vorausgingen, aber wie Morowitz betont, ist sowohl der RNA- als auch der DNA-Stoffwechsel nur *innerhalb* von Zellen lebendig.

Außerhalb einer sich selbst erhaltenden, sich selbst verdoppelnden Zelle gibt es keine Lebensform. Selbst die am stärksten reduzierte Minimalform des Lebens auf der Erde ist immer noch außerordentlich komplex. Schon eine winzige membranumhüllte Kugel, eine wandlose Bakterienzelle erfordert eine ganze Batterie molekularer Wechselwirkungen, über 15 Typen von DNA und RNA, fast 500 verschiedene Proteine, meist aber eher 5000. RNA allein, DNA allein, irgendein Virus allein ist nicht lebendig. Alle lebenden Zellen sind schon prinzipiell wesentlich komplizierter als jedes Gen oder Virus. Zellen wechseln ihre Einzelteile aus; mit Nährstoffen und Energie, die sie aus ihrer Umgebung beziehen, versorgen sie sich ständig selbst. Ich stimme Morowitz zu: Die ersten Lebewesen waren membranumhüllte, sich selbst erhaltende Zellen ganz ähnlich denen, die heute noch leben.

Nach dem Prinzip der Kontinuität sieht Morowitz in den autotrophen Bakterien, die aus anorganischen Substanzen ihre eigenen Nährstoffe bilden und auch ihre eigene Energie erzeugen, die ersten membranumhüllten Zellen. Photoautotrophe Organismen brauchen nicht zu fressen: Sie beziehen ihre Energie aus dem Sonnenlicht. Chemoautotrophe Organismen brauchen ebenfalls nicht zu fressen: Sie beziehen ihre Energie ohne Mitwirkung des Lichtes aus wasserstoffreichen Verbindungen. Den Kohlenstoff beziehen photoautotrophe und chemoautotrophe Lebewesen aus dem Kohlendioxid (CO_2) der Atmosphäre. Beide Gruppen nehmen keine organischen Verbindungen zu sich, das heißt, sie fressen niemals Nährstoffe. Autotroph sind Pflanzen, Cyanobakterien sowie ammoniak-, sulfid- und methanoxidierende Bakterien. Das Gegenteil von autotroph ist heterotroph: Heterotrophe Organismen (Pflanzen-, Algen-, Bakterien- und Fleischfresser sowie Kannibalen) fressen, das heißt, sie nehmen bereits vorhandene organische Substanzen zu sich. Alle heterotrophen Lebewesen verzehren organische Moleküle, die von autotrophen Lebewesen erzeugt wurden. Autotrophe Organismen dagegen »fressen« Luft. Sie »fressen« Sonnenlicht oder nutzen für uns giftige, wasserstoffreiche Verbindungen wie Wasserstoffgas (H_2), Methan (CH_4), Schwefelwasserstoff (H_2S) oder Ammoniak (NH_3), um mehr von ihresgleichen zu erzeugen. Die Energie der autotrophen Lebewesen ist die Energie des Feuers: Wasserstoffreiche Verbindungen reagieren mit Sauerstoff. Nach Morowitz' Ansicht sind die autotrophen Organismen, die noch der ursprünglichen, unbelebten Chemie der Erde nahestehen, der älteste Typ, aus dem alle anderen Lebewesen hervorgingen. Sie sind den ursprünglichen thermodynamischen Zyklen des Lebens enger verbunden, wobei er annimmt, dass die chemoautotrophe Lebensweise der photoautotrophen sogar noch vorausging.

In seinen Seminaren trägt Morowitz die chemische Zwiebel Haut für Haut ab. Wir unterhalten uns einfach mit ihm und hören ihm zu. Meine Studenten und ich haben großen Spaß daran, zusammen mit Morowitz und anderen die Geschichte des Lebens von der Gegenwart bis zu ihrer unbelebten chemischen Vergangenheit zurückzuverfolgen. Wir müssen wissen, wie der Übergang von präbiotischer Chemie zu Zellen und Leben aussah; nur so können wir herausfinden, wie Organellen in der Evolution entstanden sind. Gingen sie unmittelbar aus Vorstufen des Lebens hervor, die immer komplexer wurden, oder sind sie abgespeckte Bakterien? Über diese Frage lese und grüble ich viel, aber mit meinen Studenten und Kollegen, in Labors und Hörsälen, tue ich etwas anderes. Wir befassen uns unmittelbar mit dem Leben: mit Mikroorganismen und anderen Zellen sowie ihren Strukturen. Gegenstand unserer Untersuchungen sind Bakterien, Protoctisten, Pflanzen und Pilze. Mit meinen Studenten und Kollegen zeichne ich die Geschichte des Lebens von ihren Vorläufern, den Mikroorganismen, aus nach. Wir beobachten Wachstum und Fortpflanzung; wir spionieren die Sexualität der Protoctisten und ihre körperliche Reifung aus; wir messen die Reaktionen der Bakterien und Protoctisten auf »Angriffe« aus der Umwelt. Und insbesondere beschäftigen wir uns mit dem Verhalten dieser Mikroorganismen, ihrem reichhaltigen Sozialleben und ihren Wechselbeziehungen zum Substrat, wenn sie dauerhafte Lebensgemeinschaften bilden.

Die Entstehung von Zellen aus schaumigen Chemikalien könnte sich einmal oder viele Male abgespielt haben. In jedem Fall waren die ersten Zellen in unserer Abstammungslinie membranumhüllte, sich selbst erhaltende Proteinsysteme auf RNA- und DNA-Basis. In den Einzelheiten von Zellstruktur und Stoffwechsel waren sie uns sehr ähnlich und tauschten ihre Bestandteile ständig mit der Umgebung aus. Während sie Nahrung und Energie aufnahmen, entledigten sie sich ihrer Abfallstoffe. Auch als sie ihr Inneres immer reichhaltiger mit Substanzen aus der Umgebung ausstatteten, blieb das Grundprinzip bestehen. Diese Urbakterien mit ihrem Stoffwechsel konnten sich angesichts der Gefahr von Zerfall und thermodynamischer Auflösung so wirksam selbst neu aufbauen, dass das Innere unseres Körpers noch heute der äußeren Umgebung auf der frühen Erde, auf der das Leben entstand, ähnlicher ist als unserer heutigen, sauerstoffreichen Welt. Das Leben bestand immer aus Zellen, die wachsen und sich teilen, und hat sich buchstäblich seine chemische Vergangenheit bewahrt. Das Buch des Lebens ist weder mathematisch noch in Englisch oder Deutsch geschrieben, sondern in der Sprache der Kohlenstoffchemie. Die Bakterien, die diese chemische Sprache »sprechen« konnten, wurden immer vielgestaltiger und betrieben globalen Austausch. Diejenigen, die schwimmen konnten, hefteten sich an solche, die Glucose abbauten und so die Energie zum Schwimmen lieferten. Die Partnerschaft aus Schwimmer und Glucoseverarbeiter führte zu den Protisten. Der Rest ist Geschichte – meine Vision der Geschichte, die SET.

6 Vermächtnis Sex

When a Lover is a Beggar
Abject is his Knee –
When a Lover is an Owner Different is he –

(Ist dein Liebster bettelarm
Knickt schnell das Knie ihm ein –
Ist dein Liebster aber reich
Anders wird er sein–)

Sex ist raffiniert. Das Wesentliche daran war immer die Vereinigung von Zellen unterschiedlichen Geschlechts in einer flüchtigen oder längerfristigen Verbindung. Biologisch betrachtet, ist das Kernstück der Sexualität die gegenseitige Anziehung der Geschlechter, die so stark ist, dass sie in den gepaarten Zellen zur Neukombination der Gene führt. Die neuen Lebewesen, die daraus hervorgehen, unterscheiden sich in ihrem genetischen Erbe von den Geschlechtszellen, die sich vereinigt und kombiniert haben. Bei der Sexualität nach Art der Tiere stammt die Hälfte ihrer Gene von der Eizelle, die andere Hälfte von der Samenzelle.

Bakterien geben ihre Gene dagegen rückhaltlos weiter: Eine Zelle schenkt ihre Gene einer anderen. Das Halbe-halbe-Prinzip gibt es bei Bakterien nicht: Sie nehmen Gene buchstäblich auf, und zwar meist nur wenige auf einmal. Manchmal paart sich der Spender oder Donor, das heißt, »er« nimmt körperlichen Kontakt mit »ihr« auf, einem lebenden bakteriellen Empfänger oder Rezipienten. »Sie« sieht dabei genauso aus wie »er«. Die Aufnahme der Gene kann aber auch zufällige Leichenfledderei sein: Dann bemächtigt sich der Rezipient einfach einiger Gene, die ein Donor bei seinem Tod im Wasser zurückgelassen hat. Die derart aus der Umgebung aufgesammelten Gene können der Herstellung von Vitaminen, der Abgabe von Gasen oder anderen Fähigkeiten dienen, welche die Überlebensaussichten steigern. Manchmal codieren solche Gene auch Proteine, mit deren Hilfe der Rezipient lebensbedrohliche Giftstoffe abbauen kann. Bei Bakterien ist Sex immer etwas Einseitiges. Gene – und ausschließlich Gene – können von überall in den Rezipienten gelangen: aus dem Wasser, einem Virus, einem toten oder einem lebendigen Donor.

Die Sexualität der Menschen ist wie die aller Tiere ein völlig andersartiger Vorgang. Dieser Sex der Zellverschmelzung, auch meiotische Sexualität genannt, ist bei Tieren und Pflanzen gleich. Meiotische Sexualität ist nicht beliebig. Pflanzen und Tiere »trinken« keine Gene aus DNA-reichen Gewässern, vielmehr werden die Samenzellen des männlichen Elternteils von den Eizellen des weiblichen angezogen, und dann folgt die Verschmelzung. Durch die Befruchtung wird die Entwicklung des Embryos in Gang gesetzt. Eine neu entstehende, einzelne Zelle, das befruchtete Ei, die Zygote – ob tierisch oder pflanzlich – besitzt jetzt zwei Chromosomensätze, während die ursprünglichen Keimzellen jeweils nur einen hatten. Anschließend vermehrt sich die befruchtete Eizelle durch Zweiteilung: Aus einer Zelle werden zwei, aus zwei Zellen werden vier, aus vier werden acht und so weiter. Die Zellen bleiben dabei aneinander haften und bilden den Embryo. Aus der befruchteten Eizelle wird ein erkennbares Mitglied der jeweiligen Spezies. Die neue Kaulquappe, die neue Moos- oder Samenpflanze, das neue Reptil, der schreiende Säugling und jedes andere junge vielzellige Lebewesen, das aus dem Embryo hervorgeht, ist der lebende Beweis, dass Tiere und Pflanzen untereinander enger verwandt sind als mit allen übrigen Lebensformen. Das Sexualleben der vielen Lebewesen, die niemals einen Embryo bilden, unterscheidet sich tiefgreifend von dem der Pflanzen und Tiere. Bakterien und die mikroskopisch kleinen Nachkommen ihrer Symbiogenese (Protoctisten und Pilze) haben ganz andere sexuelle Gewohnheiten.

Bakterien vermehren sich ungestüm, brauchen dazu aber keinen Sex. Ihre Sexualität, mit der sie auf bestimmte Randbedingungen der Umwelt reagieren, ist ein Gelegenheitsakt. Bei Pflanzen und Tieren dagegen ist das Sexualleben eine unabdingbare Voraussetzung für die Entstehung des Embryos. Ohne Sex kann sich das Leben der Tiere und Pflanzen nicht entfalten. Zu Beginn ihres Lebenszyklus vereinigt sich der Kern der Samenzelle dauerhaft mit dem des Eies. Diese Verschmelzung erinnert an zyklische symbiontische Verbindungen: Die Partner erkennen einander.[1] Sie lassen Botschafterzellen ausschwärmen, deren Zellmembranen sich öffnen, um (zumindest) einen Zellkern durchzulassen. Und wenn die Liebeszellen verschmelzen, bildet sich die aufgelöste Membran neu. Die geöffnete, verletzliche Eizelle »weiß«, dass sie ihren Inhalt nicht austreten lassen darf, und lässt nur das richtige Zytoplasma zusammen mit dem zugehörigen Zellkern herein!

Sexuelle Vorgänge, die Vereinigung von Wesen, die einander anziehen, sind vermutlich ebenso entstanden wie die ersten Symbiosen. Sowohl bei der sexuellen als auch bei der symbiontischen Verschmelzung war Hunger wahrscheinlich der ursprüngliche Faktor, der die Verzweifelten zur Verbindung drängte. Aber Zellen, die sich beim Sex vereinigen, enthalten laut Definition Gene und Zytoplasma von Individuen unterschiedlichen Geschlechts, doch derselben Spezies.

Wie Dorion Sagan und ich in unserem Buch *The Origins of Sex* dargelegt haben, entstand die meiotische Sexualität wahrscheinlich erst lange nach der bakteriellen, und zwar als misslungener Kannibalismus bestimmter Protisten.[2] Um die verwickelte Geschichte der Sexualität zu verstehen, so erklärten wir, muss man die Biologie der Protoctisten kennen – die Eigenschaften jener schwimmenden Zellen, die weder Tiere noch Pflanzen sind.

Wir haben erklärt, wie sowohl die sexuelle als auch die symbiontische Vereinigung entfernte Gene innerhalb des neukombinierten Organismus zusammenführt. Aber bei der Sexualität ist der Kreislauf von Verschmelzung und späterer Trennung weit besser vorhersagbar, weit weniger kreativ und weit weniger zufällig als bei der vorübergehenden Symbiose. Bei der Sexualität ähneln die Nachkommen stark ihren Eltern, und Geschlechtsunterschiede führen zu berechenbaren Ritualen.

Die Organismen, die aus der symbiogenetischen Verschmelzung hervorgehen – beispielsweise die Wurzeln der Bohnenpflanze mit ihren Knöllchen, die grünen Polypen, wiederkäuende Kühe, leuchtende Fische und rote Algen –, unterscheiden sich deutlich von jedem der beiden verschmolzenen Partner. Symbiogenese ist ein weitaus erfolgversprechenderes Mittel zur Schaffung entwicklungsgeschichtlicher Neuerungen als die Sexualität. Sind die Eltern untereinander sehr eng verwandt – wie beispielsweise Rotalgen, die nicht zur Photosynthese fähig sind und auf (oder eigentlich von) ihren Verwandten leben, also anderen, photosynthetischen Rotalgen –, sind Sexualität und Symbiose selbst im Hinblick auf ihre Funktion kaum zu unterscheiden. Besteht dagegen zwischen den symbiontischen Eltern der Verschmelzung nur eine entfernte Verwandtschaft – handelt es sich also zum Beispiel um Bohnenpflanzen und *Rhizobium*-Bakterien oder um Kühe und die seltsamen (entodiniomorphen) Ciliaten in ihrem Pansen, unterscheidet sich das Produkt der Verschmelzung verblüffend von beiden Ausgangsformen.

Eine Folge der sexuellen Lebensweise, die sich nicht wegdiskutieren lässt, ist der programmierte Tod. Der große Kreislauf, in dem männliche und weibliche Lebensform Samen- und Eizellen mit jeweils einem Chromosomensatz hervorbringen, nur damit sie sich wieder vereinigen und einen Nachkommen mit zwei Chromosomensätzen entstehen lassen, ist untrennbar mit der Notwendigkeit verbunden, dass die einzelne Pflanze und das einzelne Tier sterben müssen. Natürlich können alle Lebewesen getötet werden, auch Bakterien und viele Protoctisten. Hunger, Austrocknung und Gifte sind extrem todbringend. Aber solch ein Tod durch Zerstörung tritt nicht nach einem natürlichen, eingebauten Zeitplan ein. Die Evolution der Protoctisten, die zu Vorfahren der Pflanzen und Tiere wurden, erforderte auch Opfer und Verluste; Vielzelligkeit und höhere Komplexität bedingten Alterung und Tod des Individuums. Der Tod, der buchstäbliche Verfall der körperlichen Hülle, war der grausame Preis für die meiotische Sexualität. Die Entwicklung der Komplexität bei Protoctisten und ihren Nachfahren, den Tieren und Pflanzen, führte zur Evolution des Todes als einer Art sexuell übertragbarer Krankheit. Vor über einer Milliarde Jahren, als die Protoctisten sich durch die Aufnahme bakterieller Symbionten zu dauerhaften, stabilen Lebensgemeinschaften entwickelten, die zu neuen Individuen wurden, tauchte auch jener Tod nach Plan, der uns heute so ängstigt, zum ersten Mal auf.

Bei vielen Protoctisten kann man noch heute Variationen des seltsamen Bundes von Sexualität und Tod beobachten. Ich habe zugesehen, wie *Stentor coeruleus* lebt und stirbt. Dieser blaue Ciliat, ein großer Mikroorganismus, den man in sauberen Süßwasserteichen und -seen leicht einfangen kann, pflanzt sich ungeschlechtlich fort. Ein Individuum wächst heran und macht einmal täglich eine Zweiteilung durch. Im Frühling aber kommt es bei ausreichender Besiedlungsdichte zur Paarung der blauen Zellen.

Es ist eine mikroskopische Orgie: Alle *Stentor-Zellen* in einem Becken paaren sich leidenschaftlich. Dabei bleiben die Partner 36 Stunden ununterbrochen aneinander haften! Aber nach einem solchen Liebesakt sterben beide innerhalb einer Woche. Die Sexualität, die bei diesem Protisten gerade im Aufbruch ist, geht wieder verloren.

Tiere, und zwar alle – schätzungsweise 30 Millionen Arten, die zu fast 40 Stämmen gehören, kehren in jeder Generation zu einem protistenähnlichen Einzelzellstadium zurück. Tierzellen vollziehen die Lebensweise ihrer Vorfahren nach und erfreuen sich als protistenähnliche Geschlechtszellen der sexuellen Verschmelzung. Für Tiere, Pflanzen und sogar Pilze, die im Spiel der Evolution weiter mitspielen wollen, ist Sexualität keine entbehrliche Möglichkeit. Ihr gesamter lebendiger Zustand wird durch die Verschmelzung organisiert, durch den Akt der Sexualität. Der Preis, den sie für hochentwickelte Gewebe und komplizierte Lebensgeschichten zahlen, ist die Sterblichkeit.

Die Evolution der breiten Palette moderner Lebensformen auf der Erde aus uralten, symbiontischen Bakterien war ein gewaltiges Drama. Ein ebenso großes, wenn auch weniger spektakuläres Wunder ist die Entwicklung eines ausgewachsenen Organismus aus einer befruchteten Eizelle. Die Evolution schreitet seit 3,5 Milliarden Jahren voran. Menschliche Spezies bewohnen den »blauen Edelstein« im schwarzen Weltall seit noch nicht einmal 3,5 Millionen Jahren. Ein einzelner Mensch entwickelt sich in weniger als 35 Jahren. Die Zeit drängt sich zusammen, Materie wird organisiert, und das Ergebnis ist fast zwangsläufig ein empfindungsfähiges Wesen. Wie soll man den Beginn eines Menschenlebens definieren? Diese Frage ist biologisch absurd und vollkommen künstlich. Der Zeitpunkt für den »Anfang eines Menschenlebens« ist eine schlichte Konvention. Nach Vorträgen für Laien werde ich oft gefragt: »In welchem Augenblick beginnt das Leben eines Menschen?« Natürlich begann es wie alles Leben vor 3,5 Milliarden Jahren! In der Frage spiegeln sich falsche Vorstellungen wider. Vereinigen sich die Geschlechtsorgane der Eltern zum richtigen Zeitpunkt, kommt es zur Befruchtung, und dann folgt die Geburt als Höhepunkt der vorhersagbaren Entwicklung im Mutterleib. Im Verlauf dieser Entwicklung trifft eine mit einem Undulipodium versehene Samenzelle auf das fettgefüllte Ei, das wiederum von den wogenden Undulipodien im Eileiter der Mutter vorwärtsgetrieben wird. Die eine haploide Samenzelle, die im Gegensatz zu ihren Konkurrenten die Reise überlebt, verbindet sich mit dem haploiden Ei. Die Eizelle scheidet Proteinkleister aus, heißt den Sieger des Spermienrennens willkommen und wehrt alle weiteren Annäherungsversuche ab. Der Spermienkopf des Siegers, der 23 Chromosomen mit den Genen des Vaters enthält, dringt in die große Eizelle ein, in deren Kern 23 ganz ähnliche, mütterliche Chromosomen liegen. Die beiden Zellen vereinigen sich. Dieser Vorgang der »Befruchtung« lässt eine Doppelzelle entstehen, die nun 46 Chromosomen besitzt. In jedem der 23 Chromosomenpaare stammt ein Chromosom von der Mutter, das andere vom Vater.

Die befruchtete Säugetiereizelle ähnelt uralten Protisten, die in der Evolution vermutlich die ersten Lebewesen mit doppelten Chromosomen waren. Aber im Gegensatz zu seinen Vorfahren verharrt kein Säugetier-Ei im Zustand der Einzelligkeit. Und es benutzt sein Undulipodium auch nicht, um durch Teichwasser zu schwimmen und nach Bakterien als Nahrung zu suchen. Nein, die Zygote teilt sich, und die Produkte der Teilung bleiben zusammen. Ein menschlicher Embryo entsteht, eine Kugel aus Zellen, die wächst und sich differenziert, bis in einem fischähnlich aussehenden Ganzen einzelne Gewebe und schließlich Organe entstehen.

Die Zellen teilen sich weiterhin, wachsen, schieben sich übereinander und kommunizieren, bis der Embryo zum Fötus wird.

Während sich die Organe entwickeln, verliert der Embryo sein fischähnliches Aussehen; die Kiemenspalten verschwinden ebenso wie der rudimentäre Schwanz, den er im Mutterleib besitzt, und allmählich nimmt er die Form eines Menschen an. Ein Fötus kann schon vor der Geburt mit offenem Mund am Daumen lutschen. Da er noch nicht in der Lage ist, Luft einzusaugen, atmet er durch die Nabelschnur. Über die Plazenta entzieht er dem Blut der Mutter Sauerstoff. Und wenn das Kind schließlich das Licht und die Luft der Welt erblickt, besitzt es, falls es sich um ein Mädchen handelt, in winzigen Eierstöcken die Ausstattung mit unbefruchteten Eizellen für das ganze Leben. Jede davon enthält 23 Chromosomen, halb so viele wie alle übrigen Körperzellen des kleinen Mädchens. Wie in den Zellen der Eltern, so haben sich auch bei ihm die Chromosomen in den Körperzellen bereits auf 46 verdoppelt. Auch die Körperzellen eines männlichen Säuglings enthalten die doppelte Chromosomenzahl. Aber Männer produzieren Samenzellen mit je 23 Chromosomen erst von der Pubertät an. Setzt die Geschlechtsreife ein, erzeugen die Zellen in den Hoden, angeregt von männlichen Hormonen, ständig neue Samenzellen. Die Bildung dieser Zellen mit einem einzigen Satz von 23 Chromosomen setzt sich bis zu 90 Jahre lang fort. Auf dem Spielfeld der Evolution zählt nichts außer fruchtbarer Verschmelzung, sexueller Vereinigung und Widerstandskraft der Nachkommen. Hätten unsere affenähnlichen Vorfahren sich nicht so leidenschaftlich oft gepaart und uns hervorgebracht, wir wären schon längst ausgestorben. Ein Tier sein heißt, sexuell zu sein.

Aber wie entstand die Vielzelligkeit? Viele meiner Kollegen und ihre Leser halten dies für eine der größten Fragen in der Evolution. Der Körper eines Tieres wächst ohne Sexualität durch mitotische Zellteilungen aus der befruchteten Eizelle heran. Wie entwickelte sich der Körper der ersten Tiere? Kernhaltige Zellen nach Art der Protoctisten begannen vor mindestens einer Milliarde Jahren, sich zu klonen. Aus der Zellteilung gingen Klone hervor, Organismen aus Zellkopien. Wie kam es, dass Sex lebensnotwendig wurde?

Die ältesten gut erhaltenen Fossilien von Tieren hat man an über 20 Stellen auf der Welt gefunden, so in Sonora (Mexiko), am Weißen Meer im Norden Russlands, bei Ediacara in Südaustralien, in Namibia im Südwesten Afrikas und an mehreren Orten in China. Dort haben sich Überreste von Tieren erhalten, die 540 bis 650 Millionen Jahre alt sind. Aber schon Hunderte von Millionen Jahren bevor diese Tiere lebten, bildeten sexuell aktive Protisten zusammenhängende Klone. Die natürliche Selektion wählte »Individuen« aus, deren Körperteile sich zu Geweben differenziert hatten. Verschiedene Formen von Protoctistenkolonien, Grünalgen, Schleimpilzen und viele andere, die zunächst noch keine feste Gestalt besaßen, nahmen im weiteren Verlauf der Evolution an Komplexität und Individualität zu. Die Lebewesen, in denen wir heute Pflanzen, Tiere und Pilze erkennen, betrachtet man am besten als Klone engverbundener Protoctisten. Durch natürliche Selektion wurden sie zu neuen, größeren Organismen.

Die Tiere – Hohltiere wie Korallen, Armfüßer und die restlichen 35 Stämme – entwickelten sich in den Ozeanen im Verlauf von 500 Millionen Jahren. Tiere tauchten auf, lange bevor die Reiche der landbewohnenden Pflanzen und Pilze auf der Bildfläche erschienen. Die üblichen geologischen Zeittafeln werfen alle Perioden vor mehr als 540 Millionen Jahren in einen einzigen Topf namens Präkambrium. Das Kambrium – benannt nach dem Gestein von Cambria, dem alten Namen für Wales –, in dem man erstmals Tiere mit einem Skelett findet, nimmt nach wie vor die Phantasie der Paläontologen gefangen. Wie entstanden die Tiere? Ein traditionelles Argument vertrat der Geologe Preston Cloud (1910–1992): Danach machte die steigende Sauerstoffkonzentration in der Atmosphäre nach Jahrmilliarden mit Bakterien und Algen schließlich die Evolution der Tiere möglich. Mark McMenamin und seine Frau Dianna jedoch, zwei gute Kollegen, konnten nachweisen, dass die Entstehung der Tiere keineswegs ein einfaches Phänomen mit einer einzigen Ursache war. Sauerstoff ist notwendig, er reicht aber allein nicht aus. Viele Faktoren aus Umwelt und Genetik führten gemeinsam zu den ersten Lebewesen, die durch Befruchtung aus Ei- und Samenzelle entstanden.

Ich begrüße die Analyse des Ehepaars McMenamin sehr. Tierisches Leben war nicht durch Sauerstoffmangel eingeschränkt, sodass es sich ganz plötzlich entwickelte, nachdem das Gas sich in der Atmosphäre angereichert hatte. Ich glaube nicht, dass der Sauerstoff jemals irgendeiner Lebensform Schranken auferlegt hat, abgesehen von Bakterien und einigen seltsamen Protisten. Sauerstoff war erforderlich, damit tierisches Leben sich ausbreiten konnte, aber er allein genügte nicht.

Alle Tiere sind Aerobier. Ihre Mitochondrien verlangen ständig nach Sauerstoff, sonst sterben sie. Der Luftsauerstoff war, und zwar sogar in reichlichen Mengen, vermutlich bereits über 500 Millionen Jahre vor dem Auftauchen der ersten Tiere vorhanden. Harte Körperteile – das Fischskelett aus Calciumphosphat, das chitinhaltige Außenskelett der Gliederfüßer, die Calciumcarbonatgehäuse der Muscheln, Schnecken und anderer Weichtiere – waren anfangs vermutlich Abfallstoffe. Calciumionen, die in den Meeren in großer Menge vorhanden sind, wirken im Zellinneren giftig. Die Calciumkonzentration in den Zellen muss tausendmal niedriger gehalten werden, als sie im Meerwasser ist, sonst werden in der Mitose die Mikrotubuli blockiert, und das Wachstum kommt zum Stillstand. Die Calciumausscheidung, ursprünglich ein Vorgang der Abfallentsorgung, entwickelte sich zu einer neuen Art des Recycling, die zu Systemen von Stützstrukturen führte. Zähne, Panzer und Skelette entstanden. Der Calciumabfall härtete im phosphatreichen Wasser aus und wurde einer ausgeklügelten, sparsamen, vernünftigen Verwendung zugeführt.

Daraus können wir Menschen etwas lernen. Wir erzeugen ständig Abfälle; Leben, das sich vermehrt, muss ausscheiden. Wenn aus Schrottautos und Plastikgeschirr nützliche Dinge geschaffen werden, ist niemand überrascht. Aber diese Umwandlung ausgedienter Reste hat ihre Vorbilder. Klugerweise und ganz unbewusst treten wir in die Fußstapfen unserer entfernten Vorfahren.

Bis zur Mitte des Kambriums hatte sich das Leben erstaunlich weit ausgebreitet und Tiere von verblüffender Form hervorgebracht. Das kleine Wesen *Hallucinogenia* ist so ganz anders als heutige Lebensformen, dass seine Entdecker sich nicht sicher waren, ob es sich bei seinen Körpervorsprüngen um schützende Stacheln auf dem Rücken oder um Beine handelte. *Pikaia,* ein anderes Tier aus dem Kambrium, war ein pfeilschneller Schwimmer mit weichem Körper und gilt heute als Urahn aller Wirbeltiere.

Die Diskussionen unter meinen Freunden hören nicht auf. In einem Sandstein, der in über zwei Dutzend Aufschlüssen auf der ganzen Welt zu finden ist und den man auf 540 bis 650 Millionen Jahre datiert hat, also teilweise auf ein Alter vor dem Kambrium, gibt es eine Fülle großer, komplexer Lebensformen, die selbst auf der Ebene des Organismenreiches noch nicht identifiziert sind. Wohin gehören die Lebewesen von Ediacara? Sind sie eine fossile Fauna? Waren sie Protoctisten? Waren manche von ihnen Tiere und andere Protoctisten? Wodurch sind sie ausgestorben? Wenn sie sich als Tierembryonen (Blastulae) entwickelten, fehlt heute von diesen Embryonen jede Spur. Alle Tiere gehen aus einer Blastula hervor. Ob das auch für jene seltsamen Wesen galt, können wir bisher nicht in Erfahrung bringen. (Die Aussichten auf die Entdeckung von Ediacara-Embryonen haben sich allerdings stark verbessert, seit man entsprechende Phosphalite, phosphorhaltige Sedimente aus China, mit dem Rasterelektronenmikroskop untersucht.) Mark McMenamin hat mich überzeugt, dass das blattähnliche *Pteridinium* und das dreiarmige *Tribrachidium* keine Tiere waren. Er deutet sie als eigenständige Abstammungslinie in einem gemäßigteren Zeitalter, die sich den Tieren annäherte, aber nicht zu den Tieren gehörte. Es waren Protoctisten, die keine Nachkommen hinterließen.

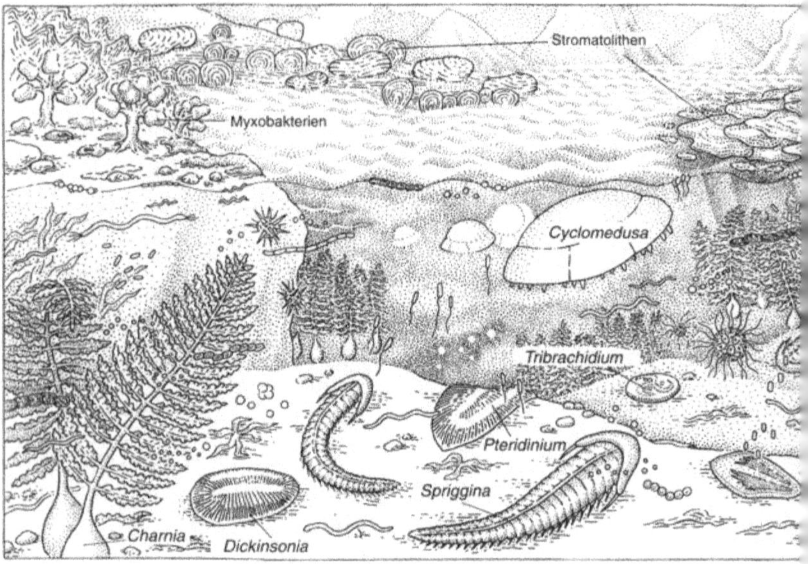

Die Organismenwelt der Ediacara-Zeit im späten Proterozoikum; Zeichnung von Laszlo Meszoly.

Die Pflanzen gingen aus grünen, wasserlebenden Protoctisten hervor, aus Algen des grasgrünen Typs. Zu den bekanntesten Algen zählen auch die Rhodophyten (Rotalgen), die in japanischen Restaurants als essbare Umhüllung für Sushi-Röllchen dienen. Sie entstehen nicht aus Embryonen und sind deshalb wie alle anderen Arten von Seetang keine Pflanzen. Einige Algen sind undifferenziert und ähneln den hypothetischen Vorfahren der Pflanzen; damit bieten sie eine aufschlussreiche Reihe von Meilensteinen der Evolution. Ihre bloße Existenz zeigt einen plausiblen Weg von einzelligen Protoctisten zu vielzelligen Nachfahren. Das Gleiche widerfuhr vielen Lebensformen immer und immer wieder. Einzeller teilten sich, und die Nachkommen trennten sich nicht; auf diese Weise gingen zum Beispiel die großen Algen der Gattung *Volvox* aus winzigen *Chlamydomonas-Zelle*n hervor.

Zur gleichen Gruppe widerstandsfähiger Lebewesen gehören auch die rosafarbenen Algen im Hochgebirge der Rocky Mountains und der Alpen sowie jene, die in unserer Nähe, bei Hawley Bog im Nordwesten von Massachusetts, den Schnee rot färben. *Chlamydomonas* selbst, obgleich ein Einzelgänger, sieht aus wie eine einzelne Zelle in der rotierenden Kugel der viel größeren *Volvox.* Diese besteht aus einer Schicht von 500 bis über 500 000 *Chlamydomonas*-artigen Zellen. Auf halbem Weg in der gleichen Reihe steht *Gonium,* eine scheibenförmige Alge aus acht, 16 oder 32 Zellen, die ebenfalls *Chlamydomonas* ähneln und in ein durchscheinendes Gel eingebettet sind. *Chlamydomonas, Gonium, Pandorina, Eudorina* und *Volvox* – sie alle sind Variationen des Themas Klone, deren Zellen aneinander haften bleiben und ein vielzelliges Lebewesen bilden. Eine Art, *Gonium sociale,* sieht aus wie eine flache Platte aus vier Teilen, jeder davon eine einzelne Zelle. Jede dieser Zellen kann sich lösen, davonschwimmen und eine eigene Kolonie begründen. Die elterliche *Volox*-Kugel bildet in ihrem Inneren Tochterkolonien. Die »Kinder« erzeugen ein Enzym zur Auflösung der Gelatine, welche die elterliche Kolonie zusammenhält, und dann »schlüpfen« mehrere kleine Nachkommen. Bei einem Wechsel von Jahreszeit oder Lichtverhältnissen überlegt *Volvox* es sich anders und wird sexuell. Eine solche sexuell stimulierte *Volox*-Kolonie setzt zahlreiche Eizellen frei, während eine andere Samenzellen hervorbringt; oder es handelt sich um einen Hermaphroditen, bei dem eine einzige durchscheinende Kugel Ei- und Samenzellen abgibt. Die grünen Geschlechtszellen, die mit den Undulipodien voraus durchs Wasser schwimmen, ähneln auf den ersten Blick einzelnen *Chlamydomonas*-Zellen. Aber sie sind keine Individuen, sondern Boten der Sexualität, die vielzellige Individuen der Gattung *Volvox* möglich machen. Vermutlich brachte auch die Lebensgemeinschaft von Ediacara heute ausgestorbene Vielzeller mit ganz ähnlicher Lebensweise hervor.

Wenn Zellen so zusammenarbeiten, werden sie zu Kolonien, und aus den Kolonien werden auf einer höheren Organisationsebene einzelne Individuen. Die Differenzierung der Gewebe erfordert, dass sich die Entwicklungsprozesse der Vergangenheit wiederholen. Bei Pflanzen und Tieren ist die Befruchtung durch Verschmelzung der Geschlechtszellen der Ausgangspunkt der Lebensgeschichte. Selbst Pflanzen wie Löwenzahn, Erdbeeren, Lebermoose und Gräser, die durch unterirdische Ableger verbunden sind und ohne die nützlichen Wirkungen der Sexualität heranwachsen, werden irgendwann zu sexuellen Wesen. Auch Tiere, die den Sex scheinbar aufgegeben haben, wie beispielsweise die rein weiblichen Gruppen der Echsen, durchlaufen auf der Ebene der Zellen die sexuellen Vorgänge der Meiose und Befruchtung. Eine weibliche Zelle mit einem Chromosomensatz verschmilzt mit einer anderen weiblichen Zelle. Die Mutter betreibt Zellsex mit sich selbst und bringt eine vaterlose Zygote hervor, die sich zum Embryo des Tiers weiterentwickelt.

»Wir«, eine Art barockes Bauwerk, werden ungefähr alle 20 Jahre aus verschmolzenen und mutierten symbiontischen Bakterien neu aufgebaut. Unser Körper entsteht aus Geschlechtszellen, Protoctisten, die sich durch Mitose klonen. Symbiontische Wechselwirkungen sind der Stoff des Lebens auf einem übervölkerten Planeten. Unser symbiogenetisch zusammengesetztes Innerstes ist weitaus älter als jene Neuentwicklung aus jüngster Zeit, die wir als menschliches Individuum bezeichnen. Unser starkes Gefühl, anders zu sein als alle anderen Lebensformen, unser Gefühl der Überlegenheit als Spezies, ist Größenwahn.

Nach meiner Vermutung entwickelte sich dieser Wahn in der Evolution aus dem Bedürfnis nach »Spezieserkennung«. Wir spüren das Bedürfnis und den leidenschaftlichen Wunsch, uns zu paaren und immer mehr Menschen hervorzubringen. Um auf diese Weise weiter am Spiel der Evolution teilzunehmen, müssen wir potentielle Paarungspartner unserer eigenen Spezies erkennen. Aber diese sexuelle Selbstzentriertheit verschleiert die grundlegende Tatsache von der Symbiogenese unserer Bestandteile, die zu vielen Arten gehören. Wir sind von unserem Wesen her ein Mosaik.

Es ist eine zoologische Ironie: Um die Evolution der Sexualität bei Tieren zu verstehen, müssen wir über Protoctisten Bescheid wissen. Aber die Protoctisten, die vielfach fälschlich als Tiere im Miniaturformat gelten, werden nur von den wenigsten professionellen Biologen untersucht. Sie stehen in noch geringerem Ansehen als die Bakterien, die als Krankheitskeime verteufelt werden: Protoctisten werden einfach ignoriert. Von Bakterien haben die meisten Menschen schon einmal gehört, und sei es auch nur im Zusammenhang mit tödlichen Sprays, Giftpulver und antiseptischen Tinkturen. Von den schätzungsweise 250000 lebenden Protoctistenarten haben nur die wenigsten (Amöben, Schleimpilze, Grünalgen, Ciliaten) überhaupt einen Namen. Und selbst sie sind nicht mehr als Kuriositäten im Biologieunterricht.

Bei Tieren wie bei Pflanzen müssen die Zellkerne sich sexuell anziehen und verschmelzen, damit ein Embryo entsteht. Sie haben keine andere Wahl. Viele Protoctisten aber betreiben überhaupt keine Sexualität, und doch geht es ihnen gut – sie vermehren sich ununterbrochen.

Lemuel Roscoe Cleveland, seinerzeit Biologieprofessor an der Harvard University, veröffentlichte in dem Fachblatt *Science* eine höchst einleuchtende Theorie, die das Problem des Ursprungs unserer meiotischen Sexualität löste. Als er lebende Protoctisten studierte und ihre Schwächen, Ungeschicklichkeiten und schwerwiegenden Fehler beobachtete, wurde ihm klar, dass die Befruchtung ursprünglich ein Akt der Verzweiflung war. Meiotische Sexualität als Überlebensstrategie tauchte im Gefolge eines kannibalistischen Fressaktes auf. In sterbenden Lebensgemeinschaften beobachtete Cleveland seltsame Konflikte: Ein offenkundig hungernder Mastigot verspeiste seinen Nachbarn; ein anderer flüchtete im Zickzack vor seinem hungrigen Verfolger. Cleveland erkannte, dass er hier Zeuge eines mörderischen Kannibalismus wurde. Der eine Kannibale fraß seine Vettern und verdaute sie bis zum letzten Zellfortsatz. Der andere litt vielleicht an Verdauungsstörungen und ließ den Zellkern seiner Mahlzeit einschließlich der Chromosomen übrig. Aus den beiden verschmolzenen Zellen wurde eine einzige mit zwei Kernen und zwei Chromosomensätzen. Und dann entdeckte Cleveland, der Tag für Tag in seinem Mikrokosmos lebte, den endgültigen kannibalistischen Waffenstillstand. Er bemerkte, wie zwei solche eng benachbarten Zellkerne sich vereinigten. Das war nun kein mörderischer Kannibalismus mehr, sondern formal das Gleiche wie eine Befruchtung.[3]

Das Gegenstück zur Verschmelzung bei der Befruchtung ist die Trennung von Zellen, und sie erfordert in der Sexualität die Meiose. Der meiotische, »tierische« Sex – der aber auch bei vielen Protoctisten, allen Pflanzen und den meisten Pilzen vorkommt – umfasst den ganzen Ablauf, durch den die Chromosomenzahl in einer Reihe besonderer Zellteilungen halbiert wird. In der Meiose mit ihren meist zwei Teilungen reduzieren sich die beiden Chromosomensätze jeder Zelle auf einen. Diese sogenannten haploiden Zellen stehen dann bereit, um andere haploide Zellen aufzuspüren, die Paarung zu vollziehen und mit ihnen zu verschmelzen, sodass ein diploider Embryo entsteht.

Natürlich müssen Protoctisten, die keine Photosynthese betreiben, ständig fressen, ganz gleich, ob sie Sex betreiben oder nicht. Unter unwirtlichen Bedingungen nehmen manche von ihnen mit allem vorlieb. Wenn sie von Austrocknung, Hunger, Strahlung oder anderen unmittelbaren Todesgefahren bedroht sind und versuchen, sich durch Fressen ihrer Artgenossen zu retten, verschmelzen sie lieber, statt allein zu sterben.

Viele Süßwasserprotoctisten paaren sich zu bestimmten Jahreszeiten regelmäßig, bevor sie sterben. Die Produkte dieser Paarung – Zygosporen, Hystrichosphären und andere Zellen mit doppeltem Chromosomensatz – sind in der Regel so dickwandig, dass sie den Winter oder die Trockenzeit überstehen. Die robusten Doppelzellen wachsen zunächst nicht, sondern schützen ihre Gene im heißen Sommer, im eisigen Winter und vor anderen Widrigkeiten.

Das Überleben durch Verdoppelung war zunächst eine Reaktion auf die Bedrohung durch die Umwelt. Wie kam es dazu? Wer seinen genetisch zweifellos sehr ähnlichen Nachbarn frisst, ohne ihn aber ganz und gar zu verdauen, kann bei einer solchen schnellen Begegnung sicher fast doppelt so groß werden. Wie ein wohlgenährter Mensch, so kann vermutlich auch ein vollgefressener Protoctist, der vor schweren Zeiten steht, mit seinen beiden Chromosomensätzen und doppelt so viel Zytoplasmaflüssigkeit den Mangel besser überstehen. Aber im Allgemeinen ist eine Verdoppelung des Körpers und insbesondere der Chromosomen eher ein Hindernis. Ein solches »Doppel-Monster« würde zweifellos nach Erleichterung streben. Im ursprünglichen Zustand sind Protoctisten haploid, das heißt, Lebewesen mit einem Chromosomensatz. Und eine verwirrende Fülle haploider Protoctisten hatte sich bereits entwickelt. Der doppelte Chromosomensatz war zwar in schwierigen Zeiten von Vorteil, aber er war auch kompliziert. Es bestand der Drang, zum haploiden *Status quo* zurückzukehren.

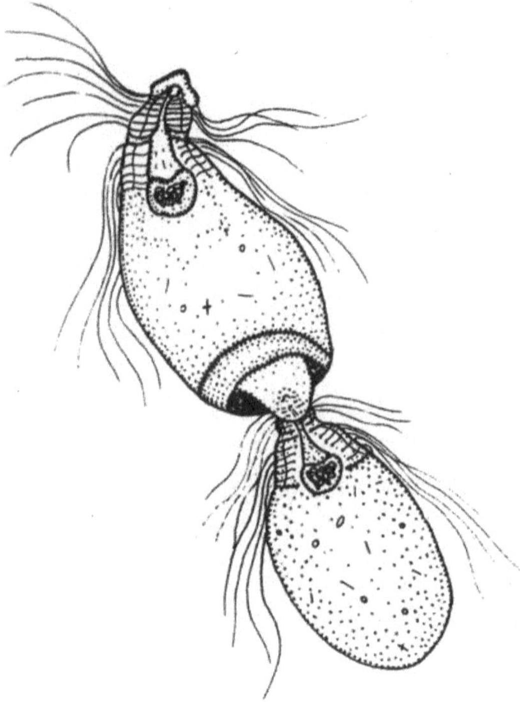

Protisten bei der Paarung. Was anfangs mörderischer Kannibalismus war, wurde später zu einem Waffenstillstand namens Sexualität. Hier paaren sich zwei *Trichonympha*-Exemplare unterschiedlichen Geschlechts. Das Männchen dringt in die hintere Öffnung des Weibchens ein, das an seinem Befruchtungsring zu erkennen ist. Zeichnung von Dorion Sagan.

Die Sexualität mit Meiose und Befruchtung tauchte vermutlich vor etwa einer Milliarde Jahren zum ersten Mal auf. Aber der meiotische Sex mit zwei Eltern entwickelte sich nach Clevelands Feststellungen erst, nachdem die Reduktionsteilung der Meiose den diploiden Zustand »gelindert« hatte. Die Fresspaarung selbst führte zu einer unumkehrbaren Vereinnahmung. Indem die haploiden Zellen einander fraßen, wurden sie zu diploiden Zellen, die einander wiederum fraßen, sodass sie tetraploid wurden, dann oktoploid und so weiter. Chromosomen und aufgeblähte Zellen vermehrten sich. Die Doppelzellen mit ihren vielen Chromosomen und Organellen wurden in ihren alltäglichen Aktivitäten immer langsamer oder stellten sie sogar ein. Eine der vielen Behinderungen, die beim Menschen durch ein überzähliges Chromosom oder Chromosomenstück entstehen, ist das Down-Syndrom: Es warnt uns nachdrücklich vor den Gefahren eines Chromosomenungleichgewichts. Aber selbst heute können viele Pflanzen und auch Tiere, die nicht zu den Säugetieren gehören, zusätzliche Chromosomen und Chromosomensätze verkraften. Züchter behandeln Schwert- und Taglilien sowie viele andere Pflanzen mit chemischen Substanzen, die in der Mitosespindel der Samen die Ausbildung der Mikrotubuli blockieren, sodass große Zellen mit überzähligen Chromosomen entstehen. Aus solchen Samen gehen besonders auffällige Blumen hervor. Sie wecken Erstaunen und bringen Profit; manche pflanzen sich auch in der gewünschten, abgewandelten Form fort. Bevor der Sex zum Ritual wurde, konnten zusätzliche Chromosomen bedeutungslos, verkraftbar, schädlich, gefährlich oder tödlich sein. Das alles hing wie immer von genetischen und umweltbedingten Zufälligkeiten ab. Die Diploidie, darauf wies Cleveland hin, musste rückgängig gemacht werden, wenn die Protoctisten zu ihrem angepassten haploiden Zustand zurückkehren wollten.

Kannibalistisch aufgenommene überzählige Chromosomen loszuwerden war nach Clevelands Analyse der erste Schritt zur Meiose. Bei diesem Vorgang, durch den Samen- und Eizellen oder haploide Pflanzensporen entstehen, wird die Chromosomenzahl halbiert. Meiose ist das Gegenteil der Befruchtung: Sie macht aus diploiden Zellen haploide. In einer letzten Verfeinerung während der Entstehung der meiotischen Sexualität wurde der Prozess des Verdoppelns und Halbierens so vervollkommnet, dass er auf Stichwort und ohne Fehler abläuft.

Clevelands außergewöhnliche Erkenntnisse machten es mir sehr einfach, die Evolution der Meiose zu verstehen. Nach meiner Überzeugung ging der Mitoseapparat aus jener alten Verschmelzung von Archaebakterien und Spirochäten hervor. Die lebenden Überreste von beiden gingen vor langer Zeit eine glückliche Verbindung ein und ziehen seitdem an einem Strang. Aber man kann nicht damit rechnen, dass solche einstmals unabhängigen Lebewesen immer fehlerlos zusammenarbeiten. Ihre Vergangenheit zeigt sich manchmal, wenn sie einen trotzigen Fortpflanzungsakt nach ihrem ursprünglichen Zeitplan vollziehen.

Die eigentliche meiotische Sexualität entwickelte sich in mehreren Abstammungslinien der Protoctisten. Ihre Vorfahren legten sich auf einen jahreszeitlichen Zyklus von Verschmelzung und Erleichterung, Paarung und Meiose fest. Waren Nahrung, Wasser oder andere lebensnotwendige Stoffe knapp, brachte die kannibalistische »Paarungsvorstufe« die Rettung. Der Mangel führte zur Verschmelzung und zum Überleben im Doppelpack. War die Umwelt dagegen relativ üppig ausgestattet, wurde die ältere, besser angepasste, haploide Zellorganisation von der natürlichen Selektion begünstigt.

Sexualität ist wie die Symbiose eine Form der Verschmelzung. Aber sie umfasst auch das regelmäßige Ausbrechen aus der Verbindung. Man kann in der Sexualität einen ganz besonderen Fall einer zyklischen Symbiose sehen: Sowohl bei der Sexualität (befruchtete Eizelle, Zygote) als auch bei der Symbiose führt die Verschmelzung der Partner zu einem neuen Lebewesen. Der Paarungsakt selbst ist in der Regel kurz (außer bei *Schistosoma*, einer Gattung von Saugwürmern, die ständig in der Begattungsstellung bleiben und dabei große Mengen befruchteter Eier erzeugen). Das neue Lebewesen dagegen, das bei Pflanzen und Tieren durch die sexuelle Vereinigung entsteht, lebt im Vergleich zum Augenblick der Paarung selbst relativ lange. Auch in einer zyklischen Symbiose, so bei Leuchtfischen, stickstofffixierenden Bakterien und den phosphattransportierenden Pilzen in Pflanzenwurzeln, sind die verschmolzenen Partner langlebiger als die Einzelwesen. Aber die Symbiose der Zellen ist eine tiefergehende, dauerhaftere und völlig einzigartige Form der Verschmelzung. Bei der großartigen Zellsymbiose, die der Evolution einen starken Impuls gab und zu den Organellen führte, ist der Paarungsakt unter allen praktischen Gesichtspunkten der Dauerzustand.

7 An Land

Superfluous were the Sun
When Excellence be dead

(Überflüssig wird die Sonne
Ist Vortrefflichkeit erst tot)

Kürzlich war ich in der »Star-Trek«-Gedächtnisausstellung des Smithsonian-Museums für Luft- und Raumfahrt in Washington. Bis dahin hatte ich noch keine einzige Folge der ursprünglichen Serie (1966–1969) gesehen.

Jetzt aber waren harmlose Neugier, Siebziger-Jahre-Nostalgie und die Menschenmenge hinter mir Grund genug, sie mir anzusehen – für zehn Minuten: sehr USA-lastig und sehr veraltet. Dass sie so albern war, verblüffte mich. Die Kulisse mit ihren Maschinen und das völlige Fehlen von Pflanzen und allen anderen nichtmenschlichen Lebensformen im Raumschiff erschienen mir bizarr. Wenn Menschen tatsächlich eines Tages in riesigen Raumschiffen zu anderen Planeten reisen, werden sie nicht allein sein. Im Weltall wie auf der Erde müssen die Elemente des Lebens – Kohlenstoff, Sauerstoff, Wasserstoff, Stickstoff, Schwefel, Phosphor und einige andere – der Wiederverwertung zugeführt werden. Dieses Recycling ist kein Luxus der Wohlstandsgesellschaft, sondern ein Prinzip des Lebens, von dem uns auch noch so viel

Technologie nicht befreien kann. Eine Reise von Menschen in die Tiefen des Weltraums erfordert Ökosysteme aus vielen nichtmenschlichen Lebewesen, die Abfälle in Nahrung umsetzen. Ohne solche »Versorgungs-Ökosysteme« sind nur sehr kurze Ausflüge in ständigem Kontakt mit Mutter Erde möglich.

Ein Ökosystem ist die kleinste Einheit, die biologisch notwendige Elemente wiederverwertet. Kohlendioxid wird »fixiert«, das heißt chemisch in Nahrungs- und Körpersubstanz (organische Kohlenstoffverbindungen) verwandelt. Organische Kohlenstoffverbindungen werden aufgenommen, reagieren chemisch, werden abgebaut oder zu verschiedenen anderen Formen organischer Materie umgesetzt. Letztlich sorgen die Enzyme eines Lebewesens oder ein tiefer Atemzug dafür, dass aus dem organischen Kohlenstoff CO_2 freigesetzt wird. Der Kohlenstoff durchläuft also einen Kreislauf. Das Gleiche gilt für den Stickstoff: Er geht den Weg vom trägen N_2 der Atmosphäre über die »Stickstofffixierer« zu nützlichen Aminosäuren. Werden die aus Proteinen freigesetzten Aminosäuren dann wieder in Stickstoffabfall und nach weiteren Reaktionen in das gasförmige N_2 der Luft umgewandelt, ist auch der Kreislauf des Stickstoffs vollendet. Der Kreislauf der Elemente läuft innerhalb eines einzelnen Ökosystems schneller als zwischen ihnen, aber keine Substanz ist völlig isoliert. Mir ist die Vorstellung, dass die Erde ein Geflecht von »Ökosystemen« ist, lieber als jede Personifizierung einer Mutter Gaia. Mein Kollege Daniel Botkin würde ein Ökosystem wahrscheinlich als Gruppe von Lebensgemeinschaften verschiedener biologischer Arten definieren, die zur gleichen Zeit am gleichen Ort leben und sich eines Zustroms an Energie und Materie von außen erfreuen. Er würde behaupten – und ich stimme ihm zu –, ein Ökosystem sei ein Ausschnitt der Erdoberfläche, in dessen Innerem Energie und Materie durch die Tätigkeit der Lebewesen einen schnelleren Kreislauf durchlaufen als zwischen diesem System und anderen. Der Materie- und Energiebedarf der Lebewesen in einem Ökosystem wird durch Recycling der vielen chemischen Verbindungen gedeckt, die zur Aufrechterhaltung des Lebens notwendig sind. Den Mars zu »begrünen«, andere Planeten zu kolonisieren oder längere Zeit im Weltraum zu leben erfordert natürlich viel mehr als nur menschliche Siedler und Maschinen. Dazu sind organisierte, funktionierende Lebensgemeinschaften notwendig. Das Zusammenleben verschiedener biologischer Arten wird für die Kolonisierung des Weltraums ebenso unverzichtbar sein, wie es Symbiose und biologische Vielfalt im Paläozoikum für die Kolonisierung des Festlandes waren. Wenn es jemals ein Leben im Weltraum geben sollte, wird es die Verbindung unterschiedlicher Lebensformen und auch neue Symbiosen erfordern.

Neue Symbiosen, die zu einem neuen Geflecht von Wechselwirkungen führten, waren für die Besiedlung großer Teile der Erde von entscheidender Bedeutung. Dass die landlebenden Arten auf dem Trockenen Fuß fassen konnten, dürften sie besonderen Formen der Symbiose zwischen Pflanzen und Pilzen verdankt haben.

Pflanzenwurzeln und Pilze können zu Wurzelknollen zusammenwachsen, die man Mycorrhiza nennt. Solche Komplexe aus Pilz und Pflanze besiedelten den unwirtlich trockenen Untergrund: Sand, Erde und Kies.

Das Leben entstand in den Meeren, und stichhaltigen Argumenten zufolge machte erst die Gemeinschaft – die Symbiogenese – das trockene Land für Lebewesen bewohnbar. Die ultraviolette Strahlung der Sonne, nicht enden wollende Trockenheit und Nährstoffknappheit waren vor 500 Millionen Jahren an Land ein viel ernsteres Problem als heute.

Durch die Symbiogenese entwickelte sich die *terra firma* der Erde zu einem bewohnbaren Gebiet. An den ersten Symbiosen auf dem Trockenen waren vermutlich keine Bakterien beteiligt. Bei den ersten großen Landlebewesen, die fossile Spuren hinterließen, handelte es sich wahrscheinlich um Komplexe aus Pflanzen und Pilzen. Die ältesten pflanzlichen Fossilien der Welt fand man im Hornstein, den man als Feuerstein kennt. Und die besten derartigen Gesteine mit Pflanzenfossilien findet man in einem Steinbruch in der Nähe von Rhynie in Schottland. Die Fossilien von Rhynie sind in allen Einzelheiten erhalten geblieben, weil – nach heutiger Kenntnis – das siliciumhaltige Wasser einer nahegelegenen heißen Quelle durch sie hindurchsickerte. Unter den Schätzen aus dem Hornstein von Rhynie findet man fossile Chytriden, eine Art von Protoctisten, die im Inneren fossiler Algen liegen. Und die Algen befinden sich ihrerseits in den Stängeln 400 Millionen Jahre alter Pflanzen! Solche Versteinerungen liefern uns erstaunlich genaue Momentaufnahmen vom frühesten Leben auf dem Land. Ein Insekt, das in Rhynie erhalten blieb, trug in seinem Darm die Chlamydospore eines Pilzes. (Dieser hübsche Name bezeichnet ein Gebilde, das gegen Kälte und Austrocknung unempfindlich ist. Chlamydosporen sind Fortpflanzungszellen, die sich ohne Sexualität durch Abspaltung vom Pilzfaden bilden.)

Die kanadischen Botaniker K.A. Pirozynski und D.W. Malloch wollen mit der Vorstellung von einer »Pilzverschmelzung« die Entstehung der Pflanzen vor etwa 450 Millionen Jahren erklären. Nach ihrer Hypothese machten Pilze und Algen eine gemeinsame Evolution durch, in deren Verlauf sich die Partner in einer Symbiose verbanden. Schließlich lieferten die Pflanzen nährstoffreichen Saft für die Pilze in ihrem Inneren, deren Pilzfäden widerstandsfähige Äste und Wurzeln bildeten. Peter R. Astatt von der University of California in Irvine erweitert die Hypothese von Pirozynski und Malloch: Er weist darauf hin, dass Pflanzen ihre cellulosehaltigen Zellwände mit den Abbau- und Absorptionstricks der Pilze zerlegen. Sowohl Pilze als auch Pflanzen geben zum Beispiel Chitinase-Enzyme an den Boden ab. Astatt vertritt die Ansicht, die Pflanzen hätten den Pilzen während ihrer langen Verbindung einige Gene gestohlen und behalten.

Mycorrhiza sind heute knollenförmige, eindeutig erkennbare symbiontische Strukturen. Oft sind sie farbenprächtig und entstehen durch symbiogenetische Wechselwirkungen zwischen Pilzen und dem Gewebe der Pflanzenwurzeln. Mycorrhiza liefern dem pflanzlichen Partner Mineralstoffe wie Phosphor und Stickstoff aus dem Boden. Umgekehrt versorgt die Pflanze den Pilz mit Nährstoffen, die sie durch Photosynthese hergestellt hat. Die Pilze in den heutigen Mycorrhiza bringen Chlamydosporen hervor, die denen der fossilen Formen verblüffend ähneln. Schon die 450 Millionen Jahre alten Pflanzenreste im Hornstein von Rhynie, darunter die Gattung *Rhynia* selbst, haben Wurzelknollen. Demnach waren Pilze und Pflanzen bereits in der allerfrühesten Zeit ihres Landlebens in einer produktiven Symbiose verbunden.

Die Übersiedlung an Land war gleichbedeutend mit der Evolution der Pflanzen aus wasserbewohnenden Algen. Das Überleben auf dem Trockenen erforderte Hartnäckigkeit: Stärke, Widerstandskraft gegen Austrocknung und ausreichende Ernährung. Nach Feststellungen von Astatt – der seine Kollegen allerdings noch nicht überzeugen konnte – war dieser Bruch mit dem Lebensraum der Algen nur durch eine Symbiose zwischen Algen und Pilzen zu bewerkstelligen. Die grünen Algen, die im Ozean trieben, waren nicht einfach größer geworden und hatten sich eines Tages in eine Pflanze verwandelt.

Die trockenen Täler in Victorialand in der Antarktis sind eine eisige Hölle. In regelmäßigen Abständen fegen Windböen über die Felsen und lassen das schmelzende Eis des Sommers sofort wieder gefrieren. Und dennoch gedeihen hier, zwei oder drei Millimeter unter der Felsoberfläche verborgen, die Lebensgemeinschaften der Flechten, ein Gemisch aus Pilzen, Algen und Bakterien, das sogar porösen Sandstein besiedelt. Solange diese Lebensgemeinschaft durch die Kristallkörner des Quarzes mit Sonnenlicht versorgt wird, bleibt sie erhalten. Die Gesamtmasse der felsbewohnenden Flechten auf der Erde wird auf 13 x 10^{13} Tonnen geschätzt, eine Biomasse, die größer ist als die aller Lebewesen in den Ozeanen! Algen, die unter einer Schutzschicht aus Pilzen wachsen, klammern sich an den nackten Fels, breiten sich auf seiner Oberfläche aus und bauen ihn letztlich zu Boden ab, in den Pflanzenwurzeln und das Geflecht der Pilzfäden eindringen können. Seit Hunderten von Jahrmillionen zersetzen die Gemeinschaften aus Pilzen und Algen das harte Gestein unseres rotierenden Planeten zu reichhaltiger, fruchtbarer Erde. Auch in gemäßigten Klimazonen sind Flechten entscheidend dafür verantwortlich, dass das Land für Lebewesen bewohnbar wird.

Im Laufe der Jahrmilliarden erweiterte das Leben seinen Lebensraum von seiner wässerigen Heimat auf das trockene Land – das Ehepaar McMenamin spricht von einem »Hypermeer«.[1] Mit Eleganz, Neuerungsbereitschaft und erschreckender Fruchtbarkeit setzte das Leben sich an Orten fest, an denen es zuvor nie gewesen war. Heute sind Zahl, Vielfalt und Wechselbeziehungen der Arten an Land größer als im Meer, dem ursprünglichen Lebensraum. Die Biomasse an Land übersteigt die in den Ozeanen um das Vielhundert- oder sogar Vieltausendfache. Einen großen Teil dieser gewaltigen Masse, schätzungsweise 84 Prozent, machen Bäume aus. Das Wachstum der Wälder auf der Erde, diese dramatische Ausbreitung des Lebens über seinen Ursprung in den Meeren hinaus, brachte eine tiefgreifende Neuordnung der Umwelt an Land mit sich. Nährstoffe wie Sulfat und Phosphor, die im äußeren Kreislauf der Ozeane frei verfügbar waren, fanden photosynthetisch aktive Lebewesen an Land nur in geringen Mengen vor. Solche Substanzen musste das Hypermeer-System selbst beschaffen. Der Umzug an Land musste neue Bauprinzipien und Infrastrukturen mit sich bringen.

Wo Leben gedieh, war es von Wasser durchtränkt. Zytoplasma besteht zu über 80 Prozent aus Wasser. Mark McMenamin und seine Frau, die Paläontologin Dianna McMenamin, machen auf die weitreichenden Auswirkungen jener symbiogenetischen Wechselbeziehungen aufmerksam, denen sie den griffigen Namen »Hypermeer« gegeben haben. Was die McMenamins als Hypermeer bezeichnen, ist im Wesentlichen das Wurzelsystem der Pflanzen, das auf die Mycorrhiza-Pilze angewiesen ist. Über 5 000 Arten von Mycorrhiza-Symbionten – Pilzen, die mit den Wurzelhaaren der Pflanzen verwoben sind –, hat man bis heute unterschieden und mit Namen versehen. Zu den Gefäßpflanzen – eines der ältesten Beispiele ist *Rhynia* – gehören alle Pflanzen mit Ausnahme der Moose und einiger anderer Bewohner feuchter Böden. Alle Gefäßpflanzen besitzen ein Kreislaufsystem. Sie können Wasser aus dem Boden durch ihre Stängel in die Blätter pumpen und photosynthetisch hergestellte Nährstoffe nach unten befördern. Ihre Verbindungen zu den mikroskopisch kleinen, unterirdischen Mycorrhiza ist unauffällig und unterschätzt: Diese buchstäblich unsichtbare Partnerschaft ist der Grund für den gewaltigen Erfolg der Pflanzen, den wir sehen können.

Trotz ihrer großen weltweiten Bedeutung erregen die Pilze der Mycorrhiza kaum einmal Aufmerksamkeit, es sei denn, sie bilden Trüffel aus. Diese Delikatesse aus Frankreich und Italien ist der sporenbildende, der Fortpflanzung dienende Teil bestimmter Mycorrhiza-Pilze; ihr Duft zieht Schweine und Hunde an, die sie an den Wurzeln von Laubbäumen erschnuppern können. Pflanzen mit Mycorrhiza an den Wurzeln werden von der natürlichen Selektion begünstigt: In nährstoffarmen Böden bringen sie schwerere Keimlinge mit größeren Stickstoff- und Phosphatvorräten hervor als ihre Vettern, die nicht mit Pilzen zusammenleben. Und tatsächlich besitzen 90 Prozent aller Pflanzen symbiontische Mycorrhiza; 80 Prozent gehen zugrunde, wenn man sie dieser mitbewohnenden Pilze beraubt. Hypermeer allerorten.

Die Vorstellungen des Ehepaars McMenamin bedürfen der kritischen Bewertung und des kritischen Beifalls. Schon der russische Mineraloge Vladimir Vernadsky (1863–1945) erkannte im Leben eine wichtige geologische Kraft. Er nahm das Hypermeer vorweg und bezeichnete die lebende Materie als »belebtes Wasser« – ein ausgezeichneter Begriff für das Leben.[2]

Den Pflanzen gelang der Übergang aufs Trockene, indem sie ihre nasse Umwelt neu schufen und in ihrem Inneren einschlossen. Bäume eignen sich besonders gut dazu, Wasser in sich aufzunehmen und an Land zu bringen, um dann seine Verdunstung zu kontrollieren. Mit ihrem verzweigten, durch Cellulose und Lignin verstärkten Gewebe sind sie natürlich Gefäßpflanzen. Lignin ist eine komplexe Substanz aus Polyphenolen, organischen Verbindungen, die dem Holz seine Härte verleihen. Das Auftauchen der Bäume vor über 400 Millionen Jahren trieb die gesamte Biosphäre nach oben und außen. Die enorme Ausweitung an Land, aufwärts und weg von Meer und Süßwasser, gründete sich auf die enge Verbindung von Pflanzen und Pilzen, und so ist es bis heute geblieben. Pilze nehmen unter den Landbewohnern eine beherrschende Stellung ein. Sie betreiben keine Photosynthese, sondern beschaffen sich ihre Nährstoffe durch Absorption. Undulipodien fehlen ihnen, das heißt, ihre Zellen können nicht schwimmen. Aber dafür überleben sie vorübergehende Austrocknung! Pilze haben eine Geduld, weit größer als die jedes Heiligen. Sie liegen da und warten, aber wenn es wieder feucht wird, übernehmen sie das Ruder. Die meisten Pilze bilden raffinierte Mycelien, Geflechte aus zytoplasmagefüllten Nährstoffkanälen. Allein, in Verbindung mit Algen als Flechte oder mit Pflanzen als Mycorrhiza eroberten sie das Land und vermehrten sich.

Die Symbiogenese war der Mond, der die Flut des Lebens aus den Tiefen der Ozeane auf das trockene Land und hinauf in die Lüfte zog. Das Geflecht des Wassers an Land, das belebte Wasser der Pilze in den Pflanzen, ist das Hypermeer der McMenamins. Wenn Menschen jemals längere Reisen in den Weltraum unternehmen, wird das kein nacktes, technisiertes Unternehmen wie »Star Trek« sein. Das Bild von der sterilen Technik, die uns von den Mitbewohnern auf unserem Planeten befreit, ist nicht nur geschmacklos und langweilig, sondern grenzt an Scheußlichkeit. Ganz gleich, wie sehr wir als Spezies von uns selbst eingenommen sind – Leben ist etwas viel Umfassenderes: ein unglaublich kompliziertes Wechselspiel zwischen Materie und Energie der vielen Millionen Arten außerhalb (und innerhalb) unserer eigenen Haut. Diese fremden Wesen auf der Erde sind unsere Vettern, unsere Ahnen und ein Teil unserer selbst. Sie verwerten unsere Stoffe und liefern uns Wasser und Nahrung. Ohne »die anderen« können wir nicht überleben. Unsere symbiontische, verwobene Vergangenheit ist von einem Geflecht belebten Wassers durchzogen.

8 Gaia

There is no Silence in the Earth – so silent
As that endured
Which uttered, would discourage Nature
And Haunt the World

(Kein Schweigen ist auf Erden – so still
Wie das, welches von Dauer war
Gebrochen, wär' es die Zerrüttung der Natur
Und die Heimsuchung der Welt)

Propriozeption – die Wahrnehmung von Bewegung und räumlicher Orientierung aufgrund von Reizen aus dem Körperinneren – ist ein Begriff aus der Medizin. Das Wort ist nicht sonderlich geläufig, aber das Phänomen kennen wir alle. Unsere Propriozeptoren teilen uns ununterbrochen mit, dass wir gerade aufstehen, den Kopf neigen, mit den Augen zwinkern oder die Faust ballen. Das Sinnessystem der Propriozeptoren nimmt keine äußeren Informationen über andere Menschen oder die Umgebung auf, sondern solche aus dem Körperinneren. Mit den Muskeln verbundene Nerven feuern Impulse ab, wenn sie Bewegungen wie beispielsweise eine Veränderung der Körperhaltung bemerken. Diese Selbstüberwachungsnerven teilen uns mit, ob wir auf den Füßen oder auf dem Kopf stehen und ob der Bus, in dem wir uns befinden, gerade hält oder mit 50 Stundenkilometern die Straße entlangzuckelt. Die Erde besitzt ein solches propriozeptives System schon seit vielen Jahrtausenden – es war vorhanden, lange bevor sich die Evolution der Menschen vollzog. Kleine Säugetiere teilen einander mit, ob ein Erdbeben oder ein Wolkenbruch bevorsteht. Bäume setzen »flüchtige« Substanzen frei und warnen damit ihre Nachbarn, dass Schwammspinnerraupen ihre Blätter angreifen. Die Propriozeption, das Gespür für das eigene Ich, ist vermutlich so alt wie das Ich selbst. Ich neige zu dem Gedanken, dass wir Menschen Gaias vorhandene Propriozeptionsfähigkeiten verbessern und verstärken. Über einen Waldbrand auf Borneo und den Absturz eines amerikanischen Hubschraubers in den italienischen Alpen berichten die Fernsehnachrichten in New York. Aber schon die ausgestorbenen Wolfsrudel und die Dinosaurierherden früherer Zeiten hatten ihre eigene propriozeptive, soziale Kommunikation; das Nervensystem des Globus gibt es sicherlich nicht erst seit der Entstehung der Menschen. Gaia, die physiologisch regulierte Erde, verfügte über eine weltweite propriozeptive Kommunikation, lange bevor sich die Menschen entwickelten. In der Luft verbreiteten sich die von tropischen Bäumen abgegebenen Gase und flüchtigen Substanzen ebenso wie paarungsbereite Insekten und lebensbedrohende Bakterien. Die Frühlingsbrise trägt seit der Urzeit den Duft der Liebe mit sich. Aber mit Beginn des elektronischen Zeitalters hat sich die Propriozeption gewaltig verstärkt.

Auf der zweiten Gaia-Konferenz – sie trug den Titel »Gaia in Oxford« und fand im April 1996 in England statt – trafen sich Wissenschaftler und Umweltschützer, um über Superorganismen zu diskutieren. Stellt das gesamte Leben auf der Erde einen einzigen Superorganismus dar? Ist das Leben ein einziges, sich selbst regulierendes Gebilde namens Gaia? Beschwört die hartnäckig vertretene Theorie vom Superorganismus eine tröstliche, aber wissenschaftlich unbegründete Vorstellung von weltweiter Harmonie herauf?

Solche Gedanken tauschten die etwa 40 Teilnehmer untereinander aus und gelangten schließlich zu einem Entschluss: Sie gründeten an der East London University die *Geophysiology Society.* Zu meiner Freude wurde diese Entscheidung Ende 1997 rückgängig gemacht: Gaia lebt; die Geophysiologie ist tot. Die neue Organisation nennt sich jetzt *Gaia: The Society for Research and Education in Earth System Science.* Die wissenschaftliche Gesellschaft *Gaia* wurde am 9. Februar 1998 in der Zentrale der Royal Society in London aus der Taufe gehoben. Der Biologe E. O. Wilson, ein weltweit führender Experte für biologische Vielfalt und Spezialist für Ameisen, ihr Sozialverhalten und ihre technischen Fähigkeiten, schickte ein Videoband mit einer Begrüßungsansprache. Dass die formelle Gründung am Standort einer der ältesten und angesehensten wissenschaftlichen Gesellschaften der Welt vollzogen wurde, war für die Gaia-Theorie ein riesiger Erfolg. Und auch die per Fernsehen übertragene Begrüßung durch einen angesehenen Harvard-Professor, der die Gaia-Fans auf unserer Seite des Atlantiks repräsentierte, war ein kluger Schachzug. Die verstärkte Kommunikation unter möglichen Vertretern der Gaia-Wissenschaft kann nur dazu beitragen, dass wir uns bewusst werden, wie wenig wir eigentlich über die Erdoberfläche, auf die wir so entscheidend angewiesen sind, wissen.

Im Gegensatz zu einer vielfach erhobenen Behauptung besagt die Gaia-Hypothese nicht, die Erde sei »ein einziger Organismus«. Aber die Erde hat im biologischen Sinn einen Körper, der durch komplizierte physiologische Vorgänge am Leben erhalten wird. Leben ist ein Phänomen von globalen Ausmaßen, und die Erdoberfläche ist seit mindestens drei Milliarden Jahren lebendig. Die Anmaßung der Menschen, Verantwortung für die lebende Erde zu übernehmen, erscheint mir lächerlich – es ist die Rhetorik der Machtlosen. Unser Planet sorgt für uns, nicht wir für ihn. Unser aufgeblasenes moralisches Gebot, eine widerspenstige Erde zu zähmen oder unseren kranken Planeten zu heilen, zeigt nur unsere maßlose Fähigkeit zur Selbsttäuschung. In Wirklichkeit müssen wir uns vor uns selbst schützen.

Die zentrale Gestalt auf der Konferenz von 1996 war James Lovelock, der Urheber der Gaia-Hypothese. Lovelock behauptete Anfang der siebziger Jahre als Erster, das Leben als Ganzes optimiere seine Umwelt zu seinem eigenen Nutzen. Die Biologen nörgelten über das Wort *optimieren*. Wie, so schimpften sie, sollte das Leben irgendetwas *planen* können? Die Vorstellung von einer lebendigen Erde hatte Lovelock schon Mitte der sechziger Jahre, lange bevor ich ihn kennenlernte – er war damals Berater der NASA und arbeitete an der Entwicklung von Methoden, Leben auf dem Mars nachzuweisen. Dabei wurde ihm klar, dass das Leben auf jedem Planeten die vorhandenen Substanzströme – auf der Erde also Atmosphäre, Meere, Seen und Flüsse – nutzen muss, um die lebensnotwendigen Elemente in einen Kreislauf zu bringen. Nährstoffe mussten geliefert und Abfälle entsorgt werden. Auf einem belebten Planeten mussten nach seinen Überlegungen ganz andere chemische Vorgänge ablaufen als auf einem unbelebten. Er erkannte, dass man selbst vom Weltraum aus chemische Widersprüche in der Erdatmosphäre beobachten kann. Unsere Atmosphäre enthält dafür, dass Methan vorhanden ist, viel zu viel Sauerstoff. Eine Mischung aus diesen beiden Gasen ist sehr reaktionsfähig, und sie könnten in einer derart hohen Konzentration nicht nebeneinander existieren, wenn ihre Mengen nicht aktiv aufrechterhalten würden. Auch zahlreiche andere Gase sind in sehr unwahrscheinlichen, höchst instabilen Mischungsverhältnissen vorhanden. Wasserstoff und sogar Stickstoff reagieren in Gegenwart von Sauerstoff explosionsartig, und doch existieren sie in der Erdatmosphäre nebeneinander. Schon als Lovelock sich zum ersten Mal mit der Frage nach Leben auf dem Mars herumschlug, hatten Analysen mit erdgebundenen

Teleskopen gezeigt, dass der rote Planet im Gegensatz zur Erde eine stabile Atmosphäre aus reaktionsträgen Gasen besitzt. Daraus zog Lovelock den richtigen Schluss, dass es heute dort kein Leben geben kann. Natürlich flog die *Viking*-Sonde dennoch zum Mars mit dem Auftrag, Leben zu finden. Als ihr Landemodul 1976 seine Daten zur Erde übermittelte, bestätigte sich nach meiner Überzeugung nur die Voraussage, die Lovelock aufgrund der Gaia-Theorie gemacht hatte.

Nun wandten sich Lovelocks Überlegungen der Erde zu. Als unabhängiger Wissenschaftler, der von den akademischen Hauptströmungen isoliert und gleichzeitig befreit war, verfolgte er seine Interessen auf seine eigene Weise. Er ist ein höchst fruchtbarer Erfinder; sein wichtigster Beitrag ist die Elektronenfalle, ein Nachweisgerät, das mit einem Gaschromatographen verbunden wird; es dient dazu, in der Luft die Konzentration bestimmter reaktionsfähiger Gase wie beispielsweise der Fluorchlorkohlenwasserstoffe (FCKW) zu messen. Lovelocks Gerät wurde von Hewlett Packard optimiert und in großem Umfang verkauft. Es verhalf Sherwood Rowland und Mario Molina vom Massachusetts Institute of Technology 1995 zum Nobelpreis für Chemie, denn sie konnten damit nachweisen, wie Gase aus Spraydosen und ähnlichen Quellen in der Stratosphäre reagieren und die Ozonschicht zerstören. Aber das war nicht Jims einzige Leistung; unter anderem bestätigte er auch die These, die Rachel Carson mit ihrem Buch *Der stumme Frühling* weltweit bekannt gemacht hatte: Pestizide haben tiefgreifende Auswirkungen. Eine Zeitlang beschäftigte er sich in Großbritannien beim Medical Research Council (MRC) mit Kryobiologie (Biologie der tiefen Temperaturen) und entwickelte dabei eine Methode, Tiere und ihre Samenzellen einzufrieren und wieder aufzutauen. Zum Auftauen gefrorenen Materials verwendete er eine selbstkonstruierte Kammer, eine Art Mikrowellenofen (allerdings ließ er seine Erfindung nicht patentieren; die Erteilung eines Patents, ein langwieriger, kostspieliger Vorgang, ist unübersichtlich und stark gesellschaftlich geprägt – und genau solche Tätigkeiten meidet Lovelock).

Als Jim sich der Frage zuwandte, wie sich das Leben auf die Erdatmosphäre auswirkt, verfolgte er seine wissenschaftlichen Interessen ohne Unterstützung irgendeiner Institution und ohne Forschungsgelder. Er stürzte sich einfach hinein und führte Messungen an Gasen auf eigene Kosten durch. Die Kommunikation mit Kollegen und Studenten ließ er aber nie einschlafen. Das Ergebnis seiner unermüdlichen Tätigkeit war die Gaia-Theorie.

Wir korrespondieren seit Anfang der siebziger Jahre. In einer seiner ersten Antworten auf meine Briefe schrieb Jim, das Methan mache ihm Sorgen. Warum ist dieses Gas, das mit Sauerstoff so heftig reagiert, immer in messbaren Mengen in der Erdatmosphäre vorhanden? Eigentlich müsste es verschwinden. Als Ursache hatte er von Anfang an das Leben in Verdacht und fragte mich nun, ob ich wüsste, woher dieses Gas möglicherweise stammen könnte. Meine Antwort hätte jeder geben können, der in der Mikrobiologie bewandert ist: Methan wird von Bakterien produziert, vor allem von den Methanogenen, die in wasserdurchtränktem Boden und im Pansen von Rindern leben. Ihr Stoffwechselprodukt wird in üppigen Mengen freigesetzt, und zwar nicht nur (wie ich immer geglaubt hatte) in Form der Darmgase von Kühen, sondern auch durch ihr Rülpsen. Methan gelangt durch den Mund von Kälbern, Stieren und Kühen in die Luft. In der Atmosphäre reagiert es dann sehr schnell mit Sauerstoff zu Kohlendioxid. Das Methan in der Luft wird ganz offensichtlich dauernd nachgeliefert, denn es ist immer in einer Konzentration von zwei bis sieben ppm *(parts per million)* vorhanden. Nun war Lovelock klar, dass die Methankonzentration in der Atmosphäre durch Lebewesen aufrechterhalten wird, und die Vermutung, dass eine ähnliche Regulierung auch bei anderen Gasen stattfindet, lag nahe.

Geologische Befunde lassen darauf schließen, dass unser Planet sich im Laufe der letzten drei Milliarden Jahre abgekühlt hat. Andererseits behaupten die Astronomen nachdrücklich, die Sonne, ein ganz durchschnittlicher Stern, habe an Helligkeit zugenommen. Demnach hätte sie die Erdoberfläche während ihrer langen Vergangenheit eigentlich immer weiter aufheizen müssen. Temperaturen und Atmosphäre, so Jims Überlegung, müssen in weltweitem Maßstab reguliert werden. Nachdem er erkannt hatte, dass diese lebenswichtigen Umweltbedingungen aktiv gesteuert werden müssen, gelangte er zu der Ansicht, das Leben selbst erhalte sich seine Umwelt aufrecht.

Mit einem aus der Physiologie entlehnten Begriff wies Lovelock darauf hin, die Umwelt auf unserem Planeten befinde sich im Zustand der Homöostase. Genau wie unser Organismus, der nach Art aller Säugetiere in seinem Inneren trotz wechselnder Umgebungsbedingungen eine relativ konstante Temperatur aufrechterhält, sorgt auch das System Erde für gleichbleibende Temperatur und Zusammensetzung der Atmosphäre. Technisch gesprochen, so schrieb Lovelock, wird die Temperatur der Atmosphäre durch negative Rückkopplung im Bereich eingestellter Werte gehalten. Seine Behauptung, das Leben »stelle die Umgebungstemperatur optimal ein«, wurde missverstanden: Man kritisierte sie oder nahm sie – der häufigere Fall – einfach nicht zur Kenntnis. Lovelock selbst hielt sein planetares Regulationssystem zunehmend für unverzichtbar, wenn man das Leben auf der Erde verstehen wollte.[1]

Auf den Begriff *Gaia* kam Lovelock durch den Schriftsteller William Golding, Autor des Buches *Der Herr der Fliegen*. Beide wohnten Anfang der siebziger Jahre in Bowerchalke in der englischen Grafschaft Wiltshire. Lovelock fragte seinen Nachbarn, ob man die umständliche Formulierung »ein kybernetisches System mit einer Neigung zur Homöostase, nachgewiesen durch chemische

Anomalien in der Erdatmosphäre« nicht durch einen Begriff ersetzen könne, der »Erde« bedeutet. »Ich brauche ein gutes Wort mit vier Buchstaben«, sagte er. Auf Spaziergängen durch diesen wunderschönen, ländlichen Teil Südenglands mit seinen Kalkhügeln schlug Golding den Namen »Gaia« vor. Es ist die altgriechische Bezeichnung für die »Mutter Erde« und die etymologische Wurzel vieler wissenschaftlicher Begriffe wie *Geo*logie, *Geo*metrie und Pan*agl*.

Der Name kam nur allzu gut an. Umweltschützer und Leute mit religiösen Neigungen, denen die Vorstellung von einer ursprünglichen, machtvollen Göttin attraktiv erschien, sprangen auf den Zug auf und gaben Gaia eine eindeutig unwissenschaftliche Nebenbedeutung. Im Jahr 1996, kurz vor der Tagung in Oxford, schlug Jim den Begriff »Geophysiologie« vor: Gemeint war damit die Wissenschaft von der Erdoberfläche als Organismus, in der Geologie und Biologie »eng gekoppelt« sein sollten.

Viele Naturwissenschaftler stehen Gaia – sowohl dem Wort als auch der Idee – nach wie vor ablehnend gegenüber, vielleicht weil darin so viel Wissenschaftsfeindlichkeit und unvernünftiges Gerede anklingt. Soweit der Begriff in der volkstümlichen Kultur überhaupt geläufig ist, versteht man darunter die Mutter Erde als ein einziges Lebewesen. Angeblich wird uns Gaia, eine lebendige Göttin jenseits alles menschlichen Wissens, für alle Verletzungen und Wohltaten, die wir der Umwelt und damit ihrem Körper zufügen, bestrafen oder belohnen. Diese Personifizierung finde ich sehr bedauerlich.

Wie Jim in seiner Theorie über das Planetensystem im Einzelnen dargelegt hat, ist Gaia kein Lebewesen. Jedes Lebewesen muss entweder fressen oder durch Photosynthese beziehungsweise Chemosynthese seine eigenen Nährstoffe herstellen. Alle Lebewesen produzieren Abfälle. Der zweite Hauptsatz der Thermodynamik spricht in dieser Hinsicht eine klare Sprache: Damit die Organisation eines Körpers aufrechterhalten wird, muss Energie aufgewandt werden, die als Wärme verlorengeht. Kein Organismus kann sich von seinen eigenen Abfällen ernähren. Gaia, die lebende Erde, geht weit über jeden einzelnen Organismus und auch über jede einzelne Population hinaus. Die Abfälle des einen Lebewesens sind die Nahrung des anderen. Das Gaia-System unterscheidet nicht zwischen der Nahrung des einen und den Abfällen des anderen, sondern führt Materie auf globaler Ebene der Wiederverwertung zu. Das System Gaia erwächst aus mindestens zehn, vielleicht auch mehr als 30 Millionen untereinander verbundener, lebender Arten, die seinen unaufhörlich aktiven Körper bilden. Und das irdische Leben ist keineswegs empfindlich oder bewusst wehleidig, sondern höchst widerstandsfähig. Sämtliche Lebewesen gehorchen, ohne es zu wissen, dem zweiten Hauptsatz der Thermodynamik: Alle suchen nach Quellen für Energie und Nahrung, alle produzieren nutzlose Wärme und chemische Abfälle. Das ist ihr biologisches Gebot. Jeder Organismus wächst und setzt dabei viele andere in seiner Umgebung unter Druck. Gaia, die Summe des Lebens auf der Erde, lässt eine Physiologie erkennen, die wir als Umweltregulation bezeichnen. Gaia selbst ist kein Lebewesen, das durch unmittelbare Selektion gegenüber vielen anderen bevorzugt wurde, sondern eine sich entwickelnde Eigenschaft, die aus den Wechselbeziehungen zwischen den Lebewesen, dem kugelförmigen Planeten, auf dem sie zu Hause sind, und der Sonne als Energiequelle erwächst. Außerdem ist Gaia ein sehr altes Phänomen. Ihr weltweites System besteht aus Billionen wimmelnder, fressender, sich paarender, Abfälle ausscheidender Wesen. Die zähe alte Gaia ist durch die Menschen keineswegs bedroht. Das Leben auf der Erde hatte schon mindestens drei Milliarden Jahre überstanden, bevor ein lebhafter Menschenaffe, der sich nach einem relativ haarlosen Partner sehnte, überhaupt vom Menschsein zu träumen begann.

Wir müssen ehrlich sein. Wir müssen uns von unserer artspezifischen Arroganz befreien. Es gibt keinerlei Anhaltspunkte dafür, dass wir jene einzigartige, »auserwählte« Spezies sind, für die alle anderen gemacht wurden. Und wir sind auch nicht die wichtigste Spezies, nur weil wir so zahlreich, mächtig und gefährlich sind. Unsere hartnäckige Illusion von einer besonderen göttlichen Fügung steht im völligen Widerspruch zu unserer wahren Stellung als aufrecht gehende, kümmerliche Säugetiere.

In der volkstümlichen Kultur bringen die verworrenen Vorstellungen von Gaia mythologische Saiten zum Klingen. Gaia rührt an unsere Sehnsucht nach Sinn in einem kurzen irdischen Leben. Eine falsch dargestellte Gaia unterstützt einen modernen Puritanismus, die feministischen Predigten über die Gefahren einer »Vergewaltigung« und Zerstörung der sonnenbeschienenen Erde. Seit vielen Jahrhunderten personifizieren wir die Natur. Es ist schon auffällig, wie Wissenschaftsfeinde und Medienmacher sich der Gaia-Theorie bemächtigt haben. Die einen machen die Naturwissenschaft, die nur ein Weg zur Erkenntnis ist, für die Auswüchse der Technik verantwortlich, die anderen bedienen sich der Wissenschaft, um damit ihre rücksichtslose Geschäftemacherei in Sachen Fernsehen und Presse zu rechtfertigen. Aber auch wenn die Gaia-Theorie vergröbert, übertrieben oder missbraucht wurde: Sie bedeutet nicht nur Naturschutz oder Rückkehr zur Göttin. Gaia ist die regulierte Erdoberfläche, die unaufhörlich neue Umgebungen und neue Lebewesen hervorbringt. Aber die Erde ist nicht menschlich, und sie gehört den Menschen auch nicht. Trotz allen Erfindungsreichtums kann keine menschliche Kultur das Leben auf unserem Planeten auslöschen, auch wenn wir es versuchen würden. Als physiologisch regulierte Gaia ist die Erde weniger ein einziges lebendes Gebilde als vielmehr eine gewaltige Menge interagierender Ökosysteme, und damit geht sie weit über alle einzelnen Lebewesen hinaus. Der Mensch ist nicht der Mittelpunkt des Lebens, ebenso wenig wie irgendeine andere Spezies. Der Mensch ist für das Leben nicht einmal wichtig. Wir sind ein ganz neuer, schnell wachsender Teil eines riesengroßen, uralten Ganzen.

Gaia ist weder die große Feindin noch die große Ernährerin der Menschheit; sie ist nur ein passender Name für ein weltweites Phänomen: die Regulierung von Temperatur, Säure-Base-Gleichgewicht und Gaszusammensetzung. Gaia ist die Summe interagierender Ökosysteme, die auf der Erdoberfläche ein einziges gewaltiges Ökosystem bilden. Mehr nicht.

Den Fossilfunden zufolge hat das Leben auf der Erde in seiner dreimilliardenjährigen Geschichte zahlreiche Katastrophen überstanden, die ebenso groß oder noch größer waren als die Detonation aller heute gelagerten 5 000 Atombomben. Leben, insbesondere bakterielles Leben, ist zäh. Seit jeher speist es sich aus Krisen und Zerstörung. Gaia schluckt die ökologischen Krisen ihrer Bestandteile, reagiert hervorragend darauf und wird angesichts der neuen Notwendigkeiten zur Mutter neuer Erfindungen.

Wenn ich die Befunde meiner Kollegen zusammenfassend betrachte, habe ich den Verdacht, dass Bakterien den Wasserstoff (H_2), den sie für ihren Körper brauchten, anfangs unmittelbar aus der Luft bezogen. Später nahmen sie den Schwefelwasserstoff (H_2S) auf, den die Vulkane ausstießen. Und schließlich konnten blaugrüne Bakterien Wasserstoffatome aus dem Wasser (H_2O) gewinnen. Dabei wurde Sauerstoff als Abfallprodukt des Stoffwechsels frei. Dieser Abfall, der zunächst katastrophale Wirkungen hatte, wurde schließlich zur Triebkraft für das weitere Wachstum des Lebens. Neue Abfallstoffe stellen die Widerstandsfähigkeit des Lebens auf die Probe und regen seine Kreativität an. Der Sauerstoff, den wir zum Atmen brauchen, war ursprünglich ein Gift, und das ist er auch heute noch. Der von vielen Millionen Cyanobakterien freigesetzte Sauerstoff verursachte ein Massensterben, dass umfassender war als alles, was Menschen in der Umwelt angerichtet haben. Verschmutzung ist etwas Natürliches. »Abfall vermeiden« ist keine Beschreibung, sondern eine Ermahnung. Aus den Abfällen der Cyanobakterien wurde unsere frische Luft. Wir Menschen beziehen den Wasserstoff, den wir brauchen, aus den Pflanzen oder Tieren, die wir essen. Ohne ihn können wir nicht leben. Lebewesen, die in der Evolution neu entstanden sind, wachsen und vermehren sich häufig schnell und nutzen dabei die Energie, Nahrungsquellen oder Abfälle anderer. Aber das Bevölkerungswachstum kommt immer irgendwann zum Stillstand, weil niemand seine eigenen Abfälle essen oder einatmen kann. Populationen brechen zusammen, oder ihr Wachstum schwächt sich ab, weil Hindernisse auftauchen. Diese Begrenzung des Wachstums ist genau das, was Charles Darwin mit »natürlicher Selektion« meinte. Gaia ist die Summe dieser wachsenden, interagierenden und sterbenden Populationen, eine aus vielen Arten bestehende Hülle unseres Planeten, die sich aus unzähligen, höchst unterschiedlichen Einzelwesen zusammensetzt. Gaia ist das Ökosystem der Erde.

Im Gegensatz zu allen einzelnen Ökosystemen, aus denen sie besteht, ist Gaia ein Recycling-Genie. Die Erdatmosphäre besteht ungefähr zu einem Fünftel aus Sauerstoff (O_2). In Verbindung mit Wasserstoff (H_2) oder wasserstoffhaltigen Gasen (CH_4, H_2S, NH_3) erzeugt Sauerstoff Explosionen und Feuer. In Reaktionen, die Energie freisetzen, verwandeln sich die reaktionsfreudigen Gase in ihre »verbrauchten«, weniger reaktionsfähigen Nebenprodukte. Reaktionsfreudige Gase wie Wasserstoff (H_2), Methan (CH_4), Ammoniak (NH_3), Methyliodid (CH_3I), Methylchlorid (CH_3Cl) und verschiedene Schwefelverbindungen lassen sich in der Erdatmosphäre nachweisen, weil die Lebewesen sie ständig als Abfallprodukte erzeugen, und zwar schneller, als sie chemisch umgesetzt werden können.

Zusammen mit meiner langjährigen Kollegin und früheren Studentin Lorraine Olendzenski drehte ich an der University of Massachusetts in Amherst (dem früheren Massachusetts College of Agriculture) ein Video. Darin streckt unsere hochgeschätzte Freundin Betsy Blunt Harris, eine Mikrobiologin, die seit über zehn Jahren die Lehrer in ihrem Fach unterrichtet, ihre behandschuhte Hand durch eine chirurgisch geschaffene Öffnung, eine »Fistel«, in der Seite einer gesunden Kuh. Sie berührt mit ihren Fingern den Pansen, den größten der vier Mägen, die Kühe und ihre Verwandten, die Wiederkäuer, besitzen. Durch die Fistel holt sie eine faserige, braune Masse heraus, vorwiegend teilweise verdautes Gras. Die Masse ist derart voller Mikroorganismen, dass wir sie stark verdünnen müssen, bevor wir sie unter dem Mikroskop betrachten können. Zu der Lebensgemeinschaft der Mikroben in der Kuh gehören auch seltsam aussehende, mit Cilien ausgestattete Protisten. Darüber hinaus ist der Pansen von vielen Bakterien besiedelt, die in ihrer Mehrzahl kleiner sind als die Ciliaten. Diese Mikroorganismen leisten die Verdauung des Grases.[2] Ohne sie könnten Kühe die pflanzliche Cellulose nicht verwerten. In einem sehr realen Sinn kann man sogar sagen: Die celluloseabbauenden Bakterien *sind* die Kuh. Gäbe es sie nicht, würde die Kuh weder schlucken noch die Nahrung vergären, wiederkäuen und erneut schlucken. Ohne die mikroskopisch kleinen Zwischenhändler würde keine Kuh Gras fressen oder wiederkäuen. Eines der gasförmigen Verdauungsprodukte ist Methan, das die Kühe durch Rülpsen in großen Mengen freisetzen. Das von Rindern erzeugte Methan ist einer der Gründe, warum die Luft unseres Planeten ein chemisch sehr labiles Gemisch darstellt. Auch holzfressende Termiten geben Methan ab. Wie die Kühe beherbergen sie in ihrem Darm bestimmte Mikroorganismen, die Cellulose zu verschiedenen anderen chemischen Verbindungen abbauen. Durch den Darmausgang vieler Millionen Termiten gelangen Kohlendioxid, Methan, Stickstoff und schwefelhaltige Gase in die Luft. Dass die Gaszusammensetzung der Erdatmosphäre langfristig instabil ist, liegt an dem nie endenden Leben der Mikroorganismen.

Lovelock verallgemeinerte diese Befunde und äußerte die Vermutung, die gesamte Erdatmosphäre sei »metastabil«, das heißt stabil in ihrer reaktionsfreudigen Instabilität. Dass die chemische Reaktionsfähigkeit von Dauer ist, liegt an der gesamten Tätigkeit der Lebewesen. Die ganze Erdoberfläche – nicht nur die Lebewesen, sondern auch die Atmosphäre, die wir uns meist als passiven Hintergrund vorstellen – ist so weit vom chemischen Gleichgewicht entfernt, dass man am besten das gesamte Äußere unseres Planeten als lebendig betrachtet.

Ich kann es nicht nachdrücklich genug betonen: Gaia ist kein einzelnes Lebewesen. Meine Gaia ist keine unscharfe, malerische Vorstellung von einer Mutter Erde, die uns ernährt. Die Gaia-Hypothese ist strenge Naturwissenschaft.[3] Sie besagt, die Oberfläche unseres Planeten verhalte sich in ganz bestimmter, eingeschränkter Hinsicht wie ein physiologisches System. Zu diesen physiologisch regulierten Elementen gehören die Temperatur, die Zusammensetzung der reaktionsfähigen Gase in der Atmosphäre einschließlich des Sauerstoffs und der pH-Wert, das heißt das Gleichgewicht von Säuren und Basen.

Nach meiner Vermutung werden Naturwissenschaftler versuchen, viele Phänomene nach dem Gaia-Prinzip zu erklären, so zum Beispiel den zyklischen Wechsel zwischen trockenem und feuchtem Klima und die heutige Verteilung von Gold, Eisen, Phosphat und anderen Mineralien. Gaia, die Bezeichnung für einen physiologisch regulierten Körper im irdisch-himmlischen und biologischen Sinn, ist der einzige Name, der sowohl höchst unterschiedliche Wissenschaftler zusammenführen als auch ihre Arbeiten für das internationale Publikum interessant machen kann. Wie der menschliche Körper, der durch Haut, Temperaturunterschiede, chemische Zusammensetzung des Blutes und ein Skelett aus Calciumphosphat eindeutig abgegrenzt ist, so unterscheidet sich auch die Erde durch ihre ständig anormale Atmosphäre, ihre gleichbleibende Temperatur sowie ihre ungewöhnlichen Kalke und Granite von ihrer Umgebung. Lovelock vergleicht die chemischen Verhältnisse in der Erdatmosphäre gern mit einer Sandburg am Strand oder einem Vogelnest: Auch sie sind offensichtliche Produkte des Lebens. Die Oberfläche unseres Planeten ist nicht nur physikalischer, geologischer, chemischer oder auch geochemischer Natur, sondern sie ist geophysiologisch: Sie zeigt die Merkmale eines lebenden Körpers, der aus der Gesamtheit der unaufhörlich interagierenden Lebewesen besteht.

Die physiologisch-chemischen Vorgänge, die wir Stoffwechsel nennen, erwachsen aus der Tätigkeit von Lebewesen. Wie eng Gaias chemische Systeme im Einzelnen verflochten sind, ist nach wie vor Gegenstand von Diskussionen. Nach der »schwachen Gaia-Hypothese« sind Umwelt und Leben gekoppelt und machen eine gemeinsame Evolution durch. Hier widerspricht kaum niemand. Viele Wissenschaftler tun diese Idee als alten Hut ab. Die »starke Gaia-Hypothese« behauptet dagegen, die ganze Erde mit ihren Lebewesen sei ein einziges lebendiges System und werde in bestimmten Aspekten vom Leben reguliert. Solche Ideen rufen bei manchen Biologen nur Spott hervor, insbesondere bei jenen, die sich selbst Neodarwinisten nennen. Diese Wissenschaftler – ihr führender Kopf ist Richard Dawkins aus Oxford – lehnen die Vorstellung ab, es könnte ein einheitliches, globales System geben, das nicht durch natürliche Selektion mit anderen globalen Systemen eine Evolution durchgemacht hat. Lovelock wurde in dieser Hinsicht der Wankelmütigkeit beschuldigt, aber seinen eigenen Aussagen zufolge hat er die »starke Gaia-Hypothese« – der Begriff stammt von J. Kirshner, einem Wissenschaftsphilosophen an der University of California in Berkeley – nie aufgegeben. Kirshner zog die starke Gaia-Hypothese 1988 auf der Jahrestagung der American Geophysical Union ins Lächerliche, nachdem er sie zuvor ironisch verteidigt hatte. Kirshners heftige Reaktionen auf Gaia und Philosophie kann man in dem von Schneider und Boston herausgegebenen Tagungsbericht nachlesen.[4] Allerdings räumt Lovelock ein, er habe seine ursprüngliche Vorstellung aufgegeben, wonach Gaia »teleologisch« sei. Er behauptet nicht mehr, das lebende, planetare System verhalte sich insgesamt so, dass die Bedingungen für alle seine Mitglieder optimiert werden. Damit Gaia fortdauern kann, ist biologische Vielfalt eine unabdingbare Voraussetzung. Eine Liste der am meisten begünstigten Arten gibt es nicht. Jedes Lebewesen tut das Seine: Es wächst und versucht, sich fortzupflanzen. Der Selektionsdruck, die Beharrlichkeit aller Organismen, die wachsen und sich fortpflanzen, begünstigt unter ganz bestimmten Bedingungen ganz bestimmte Lebensformen. Diese wachsen, vermehren sich, beseitigen Abfälle und führen sie der Wiederverwertung zu. Dabei üben sie auf andere Lebensformen einen gewaltigen Selektionsdruck aus. Das Ergebnis ist Gaia. Gäbe es kein Leben, könnte man Temperatur und Gaszusammensetzung allein aufgrund physikalischer Faktoren voraussagen. Dann würden die von der Sonne ausgehende Energie sowie die Gesetze von Chemie und Physik über die Bedingungen auf der Erdoberfläche bestimmen. In Wirklichkeit weichen sie deutlich von dem ab, was man allein aufgrund von Physik und Chemie annehmen würde. Die nichtbiologischen Naturwissenschaften reichen nicht aus, um die Umweltverhältnisse auf der Erdoberfläche zu erklären. Berücksichtigt man die vielfältigen Funktionen der Lebewesen, die Gase produzieren und die Temperatur verändern, so verschwindet die Diskrepanz. Die Gaia-Theorie ist naturwissenschaftlich nützlich.

Jede neue Idee stößt auf Kritik, insbesondere in der Naturwissenschaft, wo Kritik in Form begutachteter Veröffentlichungen und wiederholbarer Experimente institutionalisiert ist. Die Vorstellung von Gaia erfordert, dass Geochemiker, Atmosphärenchemiker und auch Meteorologen naturwissenschaftliche Kenntnisse außerhalb ihres eigenen Fachgebiets besitzen. Sie müssen sich mit Biologie und insbesondere mit Mikrobiologie befassen. Aber akademische Apartheid lässt den Widerstand aufleben. Die Anerkennung von Gaia würde zu einem Vorgehen zwingen, zu dem die Menschen in verwandten Disziplinen nicht bereit sind.

Manche Kritiker behaupten, an Gaia sei nichts neu außer dem Namen. Nach Ansicht anderer ist die Annahme, die Erdoberfläche sei lebendig, so umfassend, dass man sie nicht überprüfen kann. Das stimmt nicht unbedingt: Wenn wir Leben als System definieren, das sich fortpflanzt und zur natürlichen Selektion in der Lage ist, dann ist Gaia lebendig. Am einfachsten kann man sich das mit einem simplen Gedankenexperiment klarmachen. Angenommen, wir schicken ein Raumschiff, das Mikroorganismen, Pilze, Tiere und Pflanzen enthält, zum Mars. Es soll seine eigene Nahrung produzieren, seine Abfälle wiederverwerten und 200 Jahre überdauern. Gaia ist das Recyclingsystem des Lebens als Ganzes. Von ihr hätten wir jetzt eine Gaia abgetrennt, sodass es nun zwei gibt. Die Konstruktion einer solchen Mini-Gaia wäre eigentlich ein Akt der Fortpflanzung. Sehr deutlich wird das in Dorion Sagans Buch *Biospheres*[5].

Ein anderer Kritikpunkt an der Gaia-Theorie appelliert an die Ängste der Naturwissenschaftler. Dass die Gaia-Theorie den alten Glauben an die Mutter Erde anklingen lässt, macht sie nach Ansicht mancher Kritiker gefährlich unwissenschaftlich. Kein globales Gebilde, so deren Einstellung, kann koordiniert handeln, wenn ihm die bewusste Steuerung fehlt. Woher soll der Planet wissen, wann er die Sauerstoffkonzentration in der Atmosphäre anheben oder senken muss, damit sie ungefähr bei 20 Prozent bleibt? Diese Menge liegt genau zwischen der Gefahr einer weltweiten Brandkatastrophe und dem Risiko des Massensterbens durch Ersticken.

Wie »schafft« es Gaia, Salz aus den Ozeanen zu beseitigen, um deren Bewohner vor einer gefährlich hohen Salzkonzentration zu bewahren? Wie kann »sie« den ganzen Körper so abkühlen, dass ein Ausgleich für die zunehmende Helligkeit der Sonne geschaffen wird? Woher weiß Gaia, wie sie die Wolkendecke über den Ozeanen im Dienst einer gleichbleibenden Temperatur regeln muss? Oder einfach gefragt: Wer ist diese Gaia eigentlich?

Darauf erwidert Lovelock: Gaia braucht kein Bewusstsein, um die Umwelt auf unserem Planeten richtig einzustellen. Wie das neue mathematische Fachgebiet der fraktalen Geometrie gezeigt hat, können raffinierte Grafiken nicht nur von einem Künstler mit einer fertigen Idee geschaffen werden, sondern auch durch die ständige Wiederholung einfacher Computertätigkeiten, die man Algorithmen nennt. Auf ganz ähnliche Weise bringt auch das Leben faszinierende »Gestaltung« hervor, indem es die chemischen Kreisläufe von Zellwachstum und -fortpflanzung dauernd wiederholt. Ordnung entsteht durch unbewusste, ständig wiederkehrende Abläufe. Gaia, das verwobene Geflecht alles Lebendigen, ist in allen ihren Zellen, Körpern und Gesellschaften in unterschiedlichem Maße wahrnehmungsfähig und bewusst. Wie bei der Propriozeption sind die Gesetzmäßigkeiten von Gaia scheinbar geplant, aber sie treten ohne einen zentralen »Kopf« oder ein »Gehirn« auf. Die Propriozeption als Selbstwahrnehmung entstand in der Evolution schon lange vor den Tieren und ihrem Gehirn. Empfindungsfähigkeit, Wahrnehmung und die Reaktionen von Pflanzen, Protoctisten, Bakterien und Tieren in ihrer jeweiligen Umwelt bilden jenes sich wiederholende Muster, das letztlich der globalen Empfindungsfähigkeit und den Reaktionen von Gaia »selbst« zugrunde liegt. Zusammen mit seinem Kollegen und früheren Doktoranden Andy Watson entwickelte Lovelock ein Computermodell namens »Daisyworld« (Gänseblümchenwelt). Darin simulieren sie zum Beispiel einen Planeten, auf dem nur weiße und schwarze Gänseblümchen leben. Dieser Planet ist der Strahlung eines Sterns nach dem Vorbild unserer Sonne ausgesetzt, dessen Helligkeit im Laufe der Jahrmillionen zunimmt. Ohne weitere Annahmen, ohne Sexualität oder Evolution, ohne mystische Vorstellungen von einem planetaren Bewusstsein, kühlen die Gänseblümchen von Daisyworld ihre Umwelt trotz der sich erwärmenden Sonne.

Die Randbedingungen sind sehr einfach. Schwarze Gänseblümchen absorbieren Wärme, weiße reflektieren sie. Unter 10 Grad Celsius wachsen Blüten beider Arten nicht, und über 45 Grad Celsius sterben sie ausnahmslos ab. Innerhalb dieses Temperaturbereichs nehmen schwarze Gänseblümchen die Wärme aus ihrer Umgebung auf und wachsen deshalb schneller, wenn es kühler ist. Die weißen Gänseblümchen dagegen reflektieren die Wärme und geben sie bei höheren Temperaturen stärker ab, sodass sie dann mehr Nachkommen hervorbringen. Betrachten wir zunächst einmal eine Welt mit schwarzen Gänseblümchen. Sie wachsen, wenn die Sonneneinstrahlung zunimmt, vergrößern ihre Oberfläche, absorbieren Wärme und heizen ihre Umgebung auf. Je mehr Wärme die schwarzen Gänseblümchen an die umgebende Erdoberfläche abgeben, desto mehr erwärmt sich diese, was ein noch stärkeres Populationswachstum ermöglicht. Diese positive Rückkopplung setzt sich fort, bis die Umgebung so stark aufgeheizt ist, dass die weißen Gänseblümchen sich stärker vermehren als die schwarzen. Da sie weniger absorbieren und mehr reflektieren, sorgen die weißen Gänseblümchen nun für eine Abkühlung des Planeten. Zusammengenommen führen diese Vorgänge dazu, dass die Planetenoberfläche sich in der kühleren ersten Entwicklungsphase der Sonne erwärmt, und wenn später die Strahlungsmenge zunimmt, halten sie den Planeten relativ kühl. Obwohl die Sonne immer heißer wird, behält der Planet sehr lange eine konstante Temperatur bei.

Daisyworld wurde für Gaia zum wissenschaftlichen Wendepunkt. Stephan Harding, Professor am Schumacher College in Devon, simuliert heute Modelle von Daisyworld mit 23 verschiedenen Gänseblümchenarten, mit Pflanzenfressern, die sich von Gänseblümchen ernähren, und mit Fleischfressern, welche die Pflanzenfresser verzehren. In diesen Modellen zeigt sich kein Zusammenhang zwischen dem, was für eine Art gut ist, und dem Nutzen für den Planeten als Ganzes. Das Wachstum der Population einer Art von Lebewesen kann zu ihrem völligen Zusammenbruch führen. Etwas anderes hat sich allerdings herauskristallisiert: die mathematischen Umrisse einer Überschneidung von natürlicher Selektion und globaler Temperatursteuerung. Die weltweite Temperaturregulation ist ein Musterbeispiel für Gaias Verhalten. Wie Hardings Modelle zeigen, kann unterschiedliches Überlebensverhalten globale Folgen verstärken oder sogar überhaupt erst hervorrufen. Mittlerweile stehen die Biologen der Gaia-Theorie weniger ablehnend gegenüber. Temperaturregulation ist eine physiologische Funktion, und zwar nicht nur in der Daisyworld, sondern auch in den Körpern und Gesellschaften der Lebewesen. Säugetiere, Thunfische, die Stinkende Zehrwurz (eine Pflanze) und Bienenstöcke – alle regulieren ihre Temperatur im Bereich von wenigen Grad Celsius. Woher »wissen« Pflanzenzellen oder Bienen in ihrem Stock, wie man die Temperatur aufrechterhält? Wie die Antwort auch im Einzelnen aussehen mag: Thunfisch, Zehrwurz, Bienen und Mauszellen verfügen über die gleiche Art der physiologischen Regulation, die auch auf der ganzen Erde herrscht.

Gaia in ihrer ganzen symbiogenetischen Pracht ist von ihrem Wesen her expansiv, raffiniert, ästhetisch, uralt und äußerst widerstandsfähig. Kein Einschlag eines Planetoiden, keine Atombombenexplosion hat Gaia als Ganzes jemals ernsthaft bedroht. Wir Menschen beweisen unsere Dominanz bisher nur auf eine einzige Art: durch Ausbreitung. Wir sind nach wie vor unverschämt, grob und unmündig, auch wenn wir immer zahlreicher werden. Unsere Zähigkeit ist eine Wahnvorstellung. Haben wir so viel Klugheit und Disziplin, dass wir unserem Hang zu unbeschränkter Vermehrung widerstehen werden? Die Erde wird nicht zulassen, dass unsere Bevölkerung immer weiter zunimmt. Unbegrenzt wachsende Populationen von Bakterien, Heuschrecken, Küchenschaben oder Gräsern brechen immer irgendwann zusammen, erstickt in ihren eigenen Abfällen, die eine Folge von Übervölkerung und Nahrungsmangel sind. Dann folgen Krankheiten, Populationen der »anderen«, die sich ebenso opportunistisch vermehren, nachdem sie durch zerstörerische Verhaltensweisen und sozialen Zerfall einen Wink erhalten haben. Selbst Pflanzenfresser werden in der Verzweiflung zu bösartigen Räubern und Kannibalen. Kühe jagen Kaninchen oder fressen ihre Kälber. Viele hungrige junge Säugetiere lechzen nach dem Fleisch ihrer schwächlichen Wurfgeschwister. Übermäßiges Bevölkerungswachstum führt zu Stress, und Stress unterdrückt das übermäßige Bevölkerungswachstum: ein Beispiel für einen von Gaia regulierten Zyklus.

Wir Menschen gleichen unseren Mitbewohnern auf der Erde. Wir können der Natur kein Ende setzen, sondern nur zu einer Bedrohung für uns selbst werden. Die Vorstellung, wir könnten alles Leben zerstören, einschließlich der Bakterien, die in den Wassertanks von Kernkraftwerken oder in siedend heißen Quellen gedeihen, ist lächerlich. Ich höre unsere nichtmenschlichen Verwandten schon kichern: »Wir sind ganz gut ohne euch zurechtgekommen, bevor wir euch kennengelernt haben, und wir werden auch jetzt ohne euch zurechtkommen«, singen sie uns einträchtig vor. Die meisten von ihnen – Mikroorganismen, Wale, Insekten, Samenpflanzen und Vögel – singen noch. Die Bäume in den tropischen Regenwäldern summen vor sich hin und warten, bis wir unser arrogantes Geschäft des Abholzens beendet haben, damit sie wieder zur Tagesordnung des Wachsens übergehen können. Ihre Dissonanzen und Harmonien werden noch erklingen, wenn wir längst nicht mehr sind.

Die wichtigsten Lebensformen*

Prokarya (nicht durch Symbiogenese entstanden)	Zahl der Genome	Eukarya (durch Symbiogenese entstanden)	Mindestzahl integrierter genetischer Systeme (Genome oder Monaden)
Bacteria (»Monera«) Archaebakterien, grampositive Eubakterien gramnegative Eubakterien einschließlich Cyanobakterien	} 1	**Protoctista** Algen, Amöben, Ciliaten, Schleimpilze, Mastigoten, Wasserpilze	} 2
		Pilze einzellige und große Pilze, Hefen, Mycorrhiza an Pflanzenwurzeln	} 3
		Tiere Schwämme, Quallen, Krebse, Muscheln, Schnecken, Fische, Vögel, Säugetiere	} 4
		Pflanzen Moose, Farn, Nadelbäume Blütenpflanzen	} 5

* siehe die Abbildung auf Seite 45 Blütenpflanzen

Personen- und Sachregister

A

B

H

I

J

K

N

O

P

Q

R

S

T

U

V

W

Y

Z

Anmerkungen

Prolog

1 Die Gedichte zu Beginn der einzelnen Kapitel sind von der mir nahen Emily Dickinson (1830–1886).
[Die in Klammem nachgestellten deutschen Übertragungen stammen meist vom Übersetzer, gelegentlich sind sie aus deutschen Büchern zitiert (Anm. d. Ü.).]

2 Margulis, L.; Sagan, D. *Slanted Truths: Essays on Gaia, Symbiosis, and Evolution.* New York (Copernicus Books) 1997: »Sunday with J. Robert Oppenheimer« und andere Arbeiten, von denen viele schon früher veröffentlicht wurden, handeln von dem »großen Ärger« mit der neodarwinistischen Biologie und von den ganz allgemein destruktiven Auswirkungen der akademischen Apartheid. Die Aufsätze beschreiben eingehend den Zusammenhang des Lebens als planetares Phänomen, wobei die Symbiogenese und insbesondere die Verbindung von Bakterien die wichtigste Ursache entwicklungsgeschichtlicher Neuerungen darstellt.
Margulis, L.; Sagan, D. *What Is Sex?* New York (Simon & Schuster) 1997: eine philosophische und bildliche Untersuchung über die Evolution der Sexualität von ihren philosophischen Anfängen in einem Universum voller Energie bis zum Cybersex und darüber hinaus.
Margulis, L.; Sagan, D. *Leben – Vom Ursprung zur Vielfalt.* Heidelberg (Spektrum Akademischer Verlag) 1997: Dieses mit Farbfotos und Schwarzweißzeichnungen illustrierte Buch ist eine philosophische und naturwissenschaftliche Untersuchung einer der faszinierendsten Fragen aller Zeiten. Es vertritt eine Vorstellung vom Leben, die sowohl über das mechanistische als auch über das vitalistische Denken hinausgeht. In Kapiteln über die auf Sonnenenergie gegründete Weltwirtschaft und die Stellung der Menschheit als Superorganismus be-

tont es die häufig missachtete Rolle des freien Willens in der Evolution. *Gaia to Microcosm, Teil 1: Planetary Life. Dubuque, Iowa (Kendall/Hunt Publishing Company) 1994: vier kurze Videofilme: From Bacteria to Biosphere; Photosynthetic Bacteria – Red Sunlight Transformers; Spirosymplokos deltaeiberi — Microbial Mats and Mud Puddles; und Ophrydium versatile: What Is an Individual?*

Sagan, D.; Margulis, L. *Garden of Microbial Delights: A Practical Guide to the Subvisible World.* Dubuque, Iowa (Kendall/Hunt Publishing Company) 1993: ein Leitfaden zur Entdeckungsgeschichte, Vielfalt und Nützlichkeit der Mikroorganismen einschließlich einer Anleitung zu Haltung mikroskopisch kleiner Haustiere. Er richtet sich an Lehrer, Studenten, Naturfreunde und Besucher naturhistorischer Museen und ist reich illustriert.

Margulis, L. *Five Kingdoms Poster.* Gezeichnet von Christie Lyons, Gestaltung von Dorion Sagan. Rochester, N.Y. (Wards) 1992: mit einem Lehrerbegleitheft und einer Anleitung für Versuche im Schulunterricht.

Margulis, L.; Sagan, D. *Origins of Sex: Three Billion Years of Genetic Recombination.* New Haven, Conn. (Yale University Press) 1991: Ablauf und Evolutionsgeschichte der DNA-Rekombination bei Bakterien, der Zellverschmelzung bei Protisten, des Auftauchens der Geschlechter, des Generationswechsels und anderer sexueller Vorgänge sowie ihres entwicklungsgeschichtlichen Zusammenhangs.

Margulis, L.; Sagan, D. *Geheimnis und Ritual – Die Evolution der menschlichen Sexualität.* München (dtv) 1996: Ein Überblick über die vielschichtigen Auswirkungen der Vorfahren auf Sexualitätsformen und Sexualverhalten beim Menschen. Zu den Themen gehören die Lacansche Psychoanalyse, die Herkunft des menschlichen Gehirns von den Reptilien, die Konkurrenz der Samenzellen und die Bedeutung von Eifersucht und Gewalt für die genetische Fortpflanzung. Die Geschichte beginnt mit den Vorfahren, die in der Evolution zuletzt entstanden sind, und endet bei den Ursprüngen von Meiose und bakterieller Sexualität in Einzellern, die von ultraviolettem Licht bestrahlt wurden.

Margulis, L.; Sagan, D. *Microcosmos: Four Billion Years of Evolution from Our Microbial Ancestors.* Vorwort von Dr. Lewis Thomas. Berkeley (University of California Press) Taschenbuchausgabe 1998: Allgemeinverständlicher Bericht über die Frühzeit des Lebens mit der Entstehung der kernhaltigen Zellen, dem Konzentrationsanstieg des ursprünglich giftigen Sauerstoffs in der Erdatmosphäre und der Entwicklung von Pflanzen und Tieren aus Kolonien von Mikroorganismen. Das neue Autorenvorwort erinnert an die Notwendigkeit, über die in dem Buch vorgenommene Rollenumkehr von Menschen und Mikroben hinauszugehen. Die Analyse beginnt mit dem Ursprung des Universums vor etwa 15 Milliarden Jahren und endet mit Spekulationen über die Zukunft des Lebens mit und ohne Menschen.

3 Lois Brynes, Deep Time Associates, P.O. Box 58, Rockport, Massachusetts, konzipierte die Ausstellung »What Is Life?« im New England Science Center, 222 Harrington Way, Worcester, Massachusetts. Sie zeigt die Kunstwerke von Christie Lyons, unsere Videos und andere Darstellungen von SET und Gaia.

4 Eine ausgezeichnete Analyse unseres tiefschürfenden, komplizierten Verhältnisses zu Natur und Gott liefert Evan Eisenberg in seinem neuen Buch *Ecology of Eden*. New York (Alfred Knopf) 1998.

1. Symbiose überall

1 Wallin, I. E. *Symbioticism and the Origin of the Species*. Baltimore (Williams & Wilkins) 1927. Darwin, C. *Die Entstehung der Arten* (Darwins Hauptwerk liegt in mehreren deutschen Ausgaben vor.).

2 Sonea, S.; Panisset, M. *A New Bacteriology*. Sudbury, Mass. (Jones & Bartlett Publishers) 1993.

3 *Nardon, P.; Grenier, A. M. Serial Endosymbiosis Theory and Weevil Evolution: The Role of Symbiosis. In: Margulis, L.; Fester, R. (Hrsg.) Symbiosis as a Source of Evolutionary Innovation. Cambridge, Mass. (MIT Press) 1991.*

4 Diese Lebewesen und ihre Aktivität werden sehr anschaulich in Videos dargestellt – siehe Sciencewriters *Gaia to Microorganism*. Dubuque, Iowa (Kendall/Hunt Publishing Company) 1996, und Olendzenski, L.; Margulis, L.; Goodwin, *Looking at Microbes: The Microbiology Laboratory for Students* und Margulis, L.; Sagan, D. *Microcosmos Videos*. Teil I und II. Sudbury, Mass. (Jones and Bartlett Publishers) 1998 und 1999.

2. Entgegen der Lehrmeinung

1 Simpson, G. G. *An Autobiography*. New York (Columbia University Press) 1977.

2 Mitochondrien sind Organellen für die Zellatmung, Chloroplasten dagegen sind der Ort der Photosynthese. Beide Organteile haben ihr ei-

genes Erbmaterial und sind fast allgegenwärtig. Eine fachliche Beschreibung ihrer Erbmechanismen, Ursprünge und Evolution findet sich in der zweiten Auflage von *Symbiosis in Cell Evolution.* New York (W. H. Freeman) 1993. Eine weniger fachliche, aber sicher angemessene Erörterung der gleichen Thematik bietet Margulis, L.; Sagan, D. *Microcosmos: Four Billion Years of Evolution from Our Microbial Ancestors.* Die spannende, bemerkenswerte Geschichte der zytoplasmatischen Genetik wird beschrieben bei Sapp, J. *Beyond the Gene.* New York (Cambridge University Press) 1987.

3 Sapp, J. *Evolution by Association: A History of Symbiosis.* New York (Oxford University Press) 1994.

4 Ephrussi, B. *Nucleo-cytoplasmatic Relations in Micro-Organisms.* Oxford, UK (Clarendon Press) 1953.

5 Siehe Sapp, J. *Beyond the Gene,* Anmerkung 2 zu diesem Kapitel.

6 Sapp, J. *Evolution by Association: A History of Symbiosis.* New York (Oxford University Press) 1994. Dobzhansky: »Nichts in der Biologie hat einen Sinn, außer im Licht der Evolution.« Zitat von 1973, zitiert auf S. 187.

7 Sager, R.; Ryan, F. *Cell Heredity.* New York (John Wiley & Sons) 1961; siehe auch Pontecorvo, G. *Trends in Genetic Analysis.* New York (Columbia University Press) 1959.

8 *Khakhina, L. N. Concepts of Symbiogenesis: A Historical and Critical Study of the Research of the Russian Botanists. New Haven, Conn. (Yale University Press) 1992.*

3. Einzigartigkeit durch Einverleiben

1 *Smith, D. C. From Extracellular to Intracellular: The Establishment of a Symbiosis. In: The Cell as a Habitat, Bd. 204. London (The Royal Society) 1979. S. 115–130.*

4. Der Name der Rebe

1 Der Begriff stammt von dem unerschrockenen und produktiven deutschen Entdecker und Biologen Christian Ehrenberg, der im 19. Jahrhundert lebte. Siehe *Leben. Vom Ursprung zur Vielfalt* (Kapitel 1, Anmerkung 1).

2 Copeland, H. F. *Classification of the Lower Organisms.* Palo Alto, Calif. (Palo Alto Books) 1956.

3 Whittaker, R. H. *Community Ecology.* 2. Aufl. New York (Macmillan) 1975.

4 Whittaker, R.H. *New Concepts of Kingdoms.* In: *Science* 163 (1969) S.150–160.
5 Zu den Mikroorganismen gehören die Bakterien, die kleineren Protoctisten und die kleineren Pilze. Siehe Margulis, L.; Schwartz, K.V. *Die fünf Reiche der Organismen.* Heidelberg (Spektrum der Wissenschaft) 1989, beziehungsweise die neue englische Auflage dieses Buches *Five Kingdoms. An Illustrated Guide to the Phyla of Life on Earth.* New York, N.Y. (W.H. Freeman & Co) 1998. Darin sind die Beschreibungen der einzelnen Stämme der Bakterien, Protoctisten, Pilze, Tiere und Pflanzen (insgesamt etwa 100 Stämme) jeweils von einem Foto eines – möglichst lebenden – charakteristischen Vertreters sowie von einer schematischen, mit Anmerkungen versehenen Zeichnung begleitet.
6 Die Protoctisten sind in vielen natürlichen Lebensräumen von der Wüste bis zum offenen Meer gezeichnet in Margulis, L.; Schwartz, K.V.; Dolan, M. *Diversity of Life on Earth: Illustrated Five Kingdoms.* Sudbury, Mass. (Jones and Bartlett) 1999. Alle Zeichnungen zeigen die Mikroorganismen zusammen mit größeren, bekannteren Lebewesen.

5. Aus Schaum geboren

1 *Morowitz, H.J. Mayonnaise and the Origin of Life: Thoughts of Minds and Molecules. Woodbridge, Conn. (Ox Bow Press) 1985.*
2 Deamer, D.; Fleischaker, G. *Origins of Life: The Central Concepts.* Sudbury, Mass. (Jones & Bartlett) 1994.
3 Crick, F. *Life Itself: Its Origins and Nature.* New York (Simon & Schuster) 1981.
4 Morowitz, H.J. *Beginning of Cellular Life.* New Haven, Conn. (Yale University Press) 1992.
5 Dyson, F. *Die zwei Ursprünge des Lebens.* München (Droemer Knaur) 1990.
6 Madigan, M.T.; Matinko, J.M.; Parker, J. *Brock Biology of Microorganisms.* 8. Aufl. Upper Saddlo River, New Jersey (Prentice-Hall) 1997.

6. Vermächtnis Sex

1 *Goff, L.J.* Symbiosis, Interspecific Gene Transfer and the Evolution of New Species: A Case Study in the Parasitic Red Algae. *In: Margulis, L.; Fester, R. (Hrsg.)* Symbiosis as a *Source of Evolutionary Innovation.* Cambridge, Mass. (MIT Press) 1991.

2 Margulis, L.; Sagan, D. *Origins of Sex: Three Billion Years of Genetic Recombination.* New Haven, Conn. (Yale University Press) 1991; und *What Is Sex?* New York (Simon and Schuster) 1997.

3 Cleveland, L. R. *The Origin and Evolution of Meiosis.* In: *Science* 105 (1947) S. 287–288.

7. An Land

1 McMenamin, M. A.; McMenamin, D. S. *Hypersea: Life on Land.* New York (Columbia University Press) 1994.

2 Vernadsky, V. I. *The Biosphere.* New York (Copernicus, Springer-Verlag) 1998; auf Russisch 1926.

8. Gaia

1 Lovelock, J. *Gaia.* Bern, München, Wien (Scherz) 1992.

2 Olendzenski, L.; Margulis, L.; Goodwin, S. *Looking at Microbes* Videos Teil 1, *The Microbiology Laboratory for Students,* Teil 2. *Microbe's World.* Sudbury, Mass. (Jones and Barlett Publishers) 1998.

3 Bunyard, P. (Hrsg.) *Gaia in Action: Science of the Living Earth.* Edinburgh, UK (Floris Books) 1996.

4 Schneider, S.; Boston, P. *Scientists on Gaia.* Cambridge, Mass. (MIT Press) 1990.

5 Sagan, D. *Biospheres. Metamorphosis of Planet Earth.* New York (McGraw-Hill/Bantam) 1990.

»Ich grüble viel. Aber ich tue etwas anderes.« Die andere Biologie der Lynn Margulis

Ein Nachwort von Peter Berz

Das vorliegende Buch ist eine Wette. »Ich prophezeie, dass wir diese Diskussion innerhalb der nächsten zehn Jahre gewinnen werden«[1]: die Diskussion um die *Serielle Endosymbiontentheorie*, extremistische Version. Sie besagt, dass nicht nur die Zellorgane, über die Tiere atmen, und die Zellorgane, über die Pflanzen von Licht und Luft leben, in unvordenklichen, evolutionären Zeiten frei lebende Bakterien waren. Auch der Zellkern, ja die Strukturen der Zellteilung sind ehemals Bakterien gewesen. Diese Theorie ist der Kern dieses Buches, Kern aller erdgeschichtlichen und räumlichen Ausweitungen in die Jahrmillionen und ins Planetarische, die *Der symbiotische Planet* so leidenschaftlich entfaltet. Ob die Diskussion nach heute zwanzig Jahren gewonnen ist, ist der kriminalistische Kitzel der Lektüre.

Die zweite Wette geht aufs Ganze. Bringt das Wissen von den Lebewesen, wissenschaftlich und nicht wissenschaftlich, Wahrheitsformen hervor, die jene seit Galilei und Descartes an der Physik orientierten Wahrheitsformen unterlaufen, sie erweitern, auf eine andere Zukunft öffnen? Die Symbiosetheorie als Endosymbiontentheorie ist ein Paradefall für solche Wahrheitsformen. Im 20.

---

1 Siehe S. 56.

und 21. Jahrhundert gehen die Lebewesen in der physikalischen Wahrheit von Molekulargenetik, Proteindatenbanken, Enzymforschung auf. *Der symbiotische Planet* rennt immer wieder dagegen an. Gehört dieses Buches also in eine *contre-histoire* (Foucault) des Wissens, eine Gegenhistorie von langer Hand? Seine näheren Ursprünge jedenfalls sind in der *counter-culture* der 1960/70er Jahre zu verorten. Ausführlich wird das Drama beschrieben, das die erste Veröffentlichung einer 29-jährigen, drogenerfahrenen, mit Carl Sagan, dem erfolgreichsten Wissenschaftsguru Amerikas verheirateten Mikrobiologin namens Lynn Sagan im *Journal of Theoretical Biology* von 1967 begleitet. Die Arbeit hatte den unbescheidenen Titel *Origin of Mitosing Cells.*

Als *Der Symbiotische Planet* im Jahr 1998 erscheint, sind längst nicht alle Diskussionen gewonnen. Doch Margulis' Biologie mit ihrem großen Bogen von der Symbiose zur Symbiogenese zur Seriellen Endosymbiontentheorie hat sich in einer Art Nischenkonstruktion eine institutionelle Umgebung geschaffen. Mit dem Ende des Kalten Kriegs 1989 hatte eine Tagung stattgefunden, von der eine ganze Generation Symbiosetheoretiker träumen sollte. Ufer des Comer Sees, Villa Serbelloni der Principessa della Torre e Tasso, *Old Europe*: Dort finanziert die Rockefeller-Stiftung die von Margulis veranstaltete erste größere wissenschaftliche Tagung zum Thema Symbiose. Die Ergebnisse der Zusammenkunft werden in der Zeitschrift *Symbiosis* veröffentlicht. Zwei Jahre nach Como findet in Jerusalem der erste einer Reihe internationaler *Symbiosis*-Kongresse statt, die seitdem alle drei Jahre abgehalten werden.[2] Seit 1997 unter dem Dach einer von Margulis gegründeten Institution: der *International Symbiosis Society*, ISS. *Der*

2 2012, ein Jahr nach Margulis' Tod, in Krakau unter dem Titel »The Earth as a vast Symbiosphere«; 2015 in Lissabon unter dem Titel »Symbiotic Lifestyle«; und heuer, 2018, in Corvallis, Oregon unter dem Titel: »Ubiquity of Symbiosis«.

symbiotische Planet von 1998 darf auch als eine Art Gründungsmanifest dieser Gesellschaft gelten, das ihr von Anfang an die größtmögliche Außenwirkung verschaffen soll.

Margulis' Theorie der Symbiose hatte in der Wissenschaft zu diesem Zeitpunkt bereits Eingang in die Lehrbücher gefunden. *Symbiosis in Cell Evolution* von 1981 erscheint 1993 in zweiter, aktualisierter Auflage. Es ist noch heute eine Standardreferenz für die Forschung über zelluläre Symbiosen. Zwanzig Jahre später, im Jahre 2012, wird sich das dreiköpfige Redaktionsteam des aktuellen Standardwerks *Brock Biology of Microorganisms* gezwungen sehen, einen vierten Mitarbeiter aufzunehmen. David E. Stahl, einer der weltweit führenden Spezialisten in *Microbial Ecology*, schreibt »zum ersten Mal in einem Lehrbuch der Mikrobiologie ein Kapitel, das zur Gänze mikrobiellen Symbiosen gewidmet ist«.[3]

Der Symbiotische Planet aber ist selbst eine Art Lehrbuch und hat einen systematischen Aufbau: ein Nachschlagewerk für fundamentale Fragen der Biologie. Noch Anfang des letzten Jahrhunderts hatten viele Biologen »Allgemeine Biologien« geschrieben. Das Genre ist heute in Lehrbücher der Mikrobiologie, Zoologie, Ökologie, Biochemie eingegangen, die systematisch und adressierbar das Ganze einer Wissenschaft darstellen müssen. Lynn Margulis hat zeitlebens dieses Genre mit Leidenschaft bedient. In ihrem Werk stehen den endlos vielen wissenschaftlichen Aufsätzen – Nährboden ihres biologischen Denkens, wie üblich in Forscherkollektiven verfasst – nicht nur die vier fundamentalen Werke mit den wissenschaftlichen Details und Diskussionen gegenüber: *Origin of Eukaryotic Cells* von 1970, *Symbiosis in Cell Evo-*

3 *Brock Biology of Microorganisms* , 2012, S. 5. Freilich widmet schon 2008 *Thieme Taschenlehrbuch Mikrobiologie* (hg. Katharina Munk) der Endosymbiontentheorie ein eigenes Kapitel und handelt von »Endosymbiosen als flexibles Prinzip der Evolution« und der »Entstehung von Organellen«

lution von 1981 und 1993 und die zwei Bücher von 2002: *Early Life* (zusammen mit Michael F. Dolan) und *Acquiring Genomes*, sondern auch jene Reihe von Büchern, die einmal das Ganze durchdenken und ihre Autorin zu einem amerikanischen Wissenschaftsstar machen. Das spektakulärste dieser Bücher erschien 1995. Es entwendet für den Titel die Schrödinger'sche Frage: *What is Life?* und schöpft, im Unterschied zum vorliegenden, optisch asketischen Buch, aus dem gesamten, spektakulären Bildervorrat der modernen Biologie, von Satellitenaufnahmen der Coccolithophoridenblüte bis zur elektronenmikroskopischen Aufnahmen: ein Hausbuch künftiger Generationen wie einst Ernst Haeckels *Welträtsel*.

Der Symbiotische Planet hat einen anderen, nicht weniger Aufsehen erregenden Einsatz. Es ist das waghalsige Unternehmen, mit der Wissenschaft zugleich ihre Genese zu erzählen (*Kapitel 2*). Die Symbiosetheorie ist einbettet in historische Milieus, es wimmelt von Namen, Freunde und Feinde;[4] sie ist auch eingebettet in die Wissensgeschichte der Symbiose seit dem 19. Jahrhundert wie die russische Biologiehistorikerin Lyia Nikolaevna Khakhina (eine Entdeckung von Margulis) und Margulis' enger Mitarbeiter Jan Sapp sie beschreiben.[5]

Dem schließt sich der systematische Durchgang an. Erstens (*Kapitel 3*) der größte Sprung der ganzen Evolution: vom *prokaryotischen* Einzeller ohne Kern zum *eukaryotischen* Einzeller mit Kern, von Bakterien also zu »Protisten«. Es folgt als ein Zwischenschritt (*Kapitel 4*) die Positionsbestimmung von Einzellern

4 Viele der Namen und genannten Arbeiten kann ein Blick ins Literaturverzeichnis der zweiten Auflage von *Symbiosis in Cell Evolution* von 1993 entschlüsseln.

5 Vgl. S. 184. Im Deutschen wäre dem hinzuzufügen: Armin Geus, Ekkehard Höxtermann (hg.): *Evolution durch Kooperation und Integration. Zur Entstehung der Endosymbiosetheorie in der Zellbiologie,* 2007.

(Bakterien, Protisten) und Vielzellern in der Gesamtheit dessen, was ehemals Natur hieß: *Tiere*, *Pflanzen*, *Pilze*, *Protisten* und *Bakterien*. Die »fünf-Reiche-Lehre«, die Margulis nicht erfunden, aber immer wieder stark gemacht hat, steht unter dem Stern einer Debatte. Seit den 1980er Jahren tobt der Streit, ob nicht, wie Carl Woese gegen Ernst Mayr behauptet, nur zwei Reiche anzunehmen sind: die *Archaebakterien* und der ganze Rest, vom Pantoffeltierchen bis zum Elefanten. Woese, der Grundlagen der Genomanalyse geschaffen hat, folgert das allein aus Differenzen und Homologien von Genomen.

Die folgenden Kapitel sind drei fundamentalen Entwicklungsschüben vor und nach der Bildung eukaryotischer Zellen gewidmet. Erstens der Entstehung überhaupt der ersten lebenden Zelle (*Kapitel 5*). Die Frage nach dem *Origin of life* ist in den 1960er Jahren ein weit gespannter, von der NASA geförderter Diskurs, der auch Margulis lange Zeit Geld einspielt. Theoretisch schlägt sich Margulis gegen die biochemischen Schulen auf eine andere Seite: die *Membran*, das, wie Helmuth Plessner sagte, »hauthafte« Verhältnis des Lebewesens zu sich selbst. Nicht mit der Bildung organischer Makromoleküle fange alles an, sondern mit dem »housing« biochemischer Prozesse innerhalb einer geschlossenen Membran. Nach *Origin of Life* (Entstehung der bakteriellen Zelle) und *Eukaryosis* (Entstehung der eukaryotischen Zelle) ist der systemisch nächste Sprung die Symbiogenese der Vielzeller (*Kapitel 6*). Aber dieser Sprung besteht nicht nur in höheren Assoziationen und Verbänden von Einzellern, wie der Algen in der Kugelalge *Volvox*, sondern im Auftauchen zweier fundamental neuer Dimensionen: Sex und Tod. Einzeller ohne Geschlecht, englisch *sex*, sind, wie August Weismann zeigte, unsterblich. Vielzeller mit Geschlecht aber sterben nicht aufgrund von Milieu-Umständen, sondern weil Sterblichkeit Teil ihres Lebens ist. Aber wenn diese Sterblichen symbiotische Verbände von Einzellern sind, geraten

Identität und Subjekt selbst ins Wanken. Margulis lässt sich das auf der Zunge zergehen. Dem folgt als vierter Sprung der Evolution (*Kapitel 7*) der vom Wasser aufs Land: *Gaining Ground* wie Jennifer Clake 2002 ihr Buch über die Evolution der Vierfüßler nennt. Hier, am Interface von Atmosphäre und Erde entwickeln sich ganze neue Symbiosen von Pflanzen, Pilzen, Flechten, Wurzeln und Pilzen. Aber schon die erste Symbiogenese einer Bakterie wird von Margulis zwischen Land und Meer angesiedelt: Sie flüchtet vor Austrocknung ins feuchte Milieu eines anderen Einzellers.

Der systemische Abschluss dieser Sprünge aber ist keine Synthese (*Kapitel 8*). Das Ganze heißt nicht – wie bei Heidegger und Wernadski – »planetarisch«. Es heißt *Gaia*. Ihr Erscheinen in der Welt des Wissens, das Bruno Latour seit Kurzem so spektakulär feiert,[6] ist symbiogenetischen Ursprungs.

Symbiogenesen einer Wissenschaft

Die Symbiogenese der Gaia-Idee erzählt der Engländer James Lovelock in seiner Autobiographie.[7] Es ist ein Drama in Akten, wie sie auch die Biographien Röntgens, Machs, Kekulés, Monods, und weitere kennen: vom mythischen Anfang, einem »Nachmittag im September 1965«, an dem Lovelock mit Kollegen in einem kleinen Büro in Pasadena (Jet Propulsion Laboratory) sitzt und ein Kollege hereinkommt, der aus Frankreich neue Daten von Spektralmessungen anderer Planeten mitbringt. Sie zeigen »zum ersten Mal«, dass Mars und Venus »Atmosphären haben, die von CO2 dominiert

6 Bruno Latour: *Kampf um Gaia. Acht Vorträge über das Neue Klimaregime*, 2017.

7 Das Folgende nach James Lovelock: *Hommage to Gaia. The Life of an independent Scientist*, 2000, S. 252–258.

sind, mit nur Spuren anderer Gase«. Das unterscheidet sie von der Erde mit ihrer »reichen und anomalischen Atmosphäre«. Einige Tage später dann der »Blitz der Erleuchtung«. »Um bestehen zu bleiben und sich stabil zu halten, muss *irgendetwas* die Atmosphäre regulieren und sie so in ihrer konstanten Zusammensetzung halten«. Was aber ist »irgendetwas«? Folgt das Tribunal der Wahrheits-Institutionen: der Biologe Norman Horowitz und 1968 eine ehrwürdige Konferenz in Princeton; dann die Taufe *Gaias* durch seinen englischen Nachbarn, den Literaturnobelpreisträger William Golding. Im Sommer 1970 aber tritt eine Protagonistin auf, die alles ändert: die »erste Biologin, die ich traf, die ein Gefühl für den Organismus hatte (*a feeling for the organism*). Danach hörte ein Bakterium auf, für mich nur eine Membrantasche zu sein, die einige Gene und proteingesteuerte Mechanismen enthält, um sich selbst reproduzieren zu können, und nicht mehr.«

Damit treffen sich zwei Welten, zwei Weisen des Begehrens nach dem Wissen. Deren Differenz sagt viel über Margulis' Wissenschaft. Wo Lovelock in einer umgebauten Mühle in Bowerchalke (Wiltshire, Südengland) schreibt, dort auch ein kleines Privatlabor betreibt, da haust Margulis in Boston und Amherst mit vier Kindern aus zwei Ehen, eine Atmosphäre, die der englische Besucher als »turbulent, warm, familiär« beschreibt. »Lynn und ich waren schon seltsame Gegensätze, um so eng verbunden zu sein durch Gaia. Lynn war am besten im Zentrum einer Gruppe von Studenten, gebend und redend. Ich war am besten allein und nachdenkend. Zusammen erforschten wir endlos die möglichen Systeme, die Biota enthalten und Gaia als Regulatoren von Klima und Chemie dienen könnten. Lynn eröffnete mir die Welt der natürlichen Mikroorganismen.«

Wenn Margulis in *Der symbiotische Planet* die Genese ihrer Wissenschaft beschreibt, dann geht sie von Umgebungen aus. Nicht nur als Weg einer Frau durch die Bildungsinstitutionen Amerikas, sondern: »als ich Carl nach Wisconsin folgte« oder mit Tochter Jennifer schwanger war und zu Hause bleiben musste – da entsteht das erste Buch: *Origin of Eukaryotic Cells*. Margulis' Nachdenken findet in symbiotischen Umgebungen statt. Nicht nur schreibt sie die meisten Bücher später zusammen mit ihrem Sohn Dorion Sagan. In Amherst ist für niemanden festzustellen, wer hier wohnt oder nur zu Besuch ist. Aber was heißt schon »wohnen« vor den Habitaten all der Mikroben in *Puffers Pond*, Amherst, ihrem täglichen Tümpel? Die Tunnel-Existenz von Wissenschaftlern, die von einem Kongress zum nächsten rasen, war Margulis fremd. »Ich zog die Gesellschaft von Babys, Schlamm, Bäumen, Fossilien, Hundewelpen und Mikroorganismen der normalen Welt der Erwachsenen vor«. Zu dieser Welt können aber auch Institutionen gehören, die Labore finanzieren, Universitäten, NASA, Alexander von Humboldt-Stiftung.

Gaia ist die Symbiose zweier wissenschaftlicher Umwelten und zweier Wissenschaften: von Gaschemie mit ihrem (unter anderem durch Lovelocks Erfindung des *Electron Capture Detector*, ECD) instrumentell ausgeweiteten Blick auf den Planeten von seinem äußersten Output her, der Atmosphäre; und von Mikrobiologie in Schlamm und Wurzeln und Bäumen, wo Gaschemie, Messung, Kybernetik, Modellbildung auf das Wimmeln der Wesen treffen.

Und diese Symbiose hat eine Peripetie. »Unsere Treffen in den frühen 1970ern waren so freundlich, dass nach einem von ihnen Lynn die Notwendigkeit verspürte, die *Ground Rules* [wie im Baseball, pb] für unsere weitere Assoziation zu setzen. Wir saßen am Logan Airport und warteten auf den Aufruf meines Rückflugs. Sie wandte sich zu mir und sagte mit großem Ernst, dass wir uns als wissenschaftliche Kollegen treffen müssten und nichts weiter. Ich stimmte zu, ohne Gefühl des Bedauerns; es ist selten, dass sich eine enge wissenschaftliche Zusammenarbeit zu einer Romanze entwickelt.«

Wahrheiten der Symbiose

Das Zentrum aber, die Berufungsinstanz aller planetarischen, gaianischen Symbiosen bleibt jene Hypothese mit dem wenig schönen Namen »Serielle Endosymbiontentheorie«.

Endo (»innen«): das heißt, die Biologie der Symbiose in die Zelle versetzen. Im Hintergrund steht eine, so Margulis, »arkane Literatur, die sich vom 19. Jahrhundert bis heute erstreckt«. Sie ist meist auf Russisch verfasst und liegt der Herausgeberin Margulis sehr am Herzen. Ist der Schauplatz der Endosymbiose die einzelne Zelle, so sind ihre Agenten Einzeller. Als *eukaryotische* Einzeller mit Zellkern gehören sie ins Wissen der *Protistologie*; als *prokaryotische* Einzeller ohne Zellkern gehören sie ins Wissen der *Bakteriologie*. Die Protistologie handelt von Wesen, die im »Garden of Microbial Delights« auch für den gemeinen Menschenverstand noch etwas sind, der sich bekanntlich an Erscheinungen und Gestalten hält, auch wenn sie nur mikroskopisch erscheinen: als Wimperntierchen, Augentierchen, Pantoffeltierchen, Amöben oder Algen. Die Bakteriologie dagegen ist grau und leuchtet nur denjenigen ein, die erste Begriffe vom Stoffwechsel haben und seinen bio-geo-chemischen Stoffzyklen. Bakterien sind »Stoffwechselgenies« (Margulis). Margulis' Wissenschaft, gerade weil sie auf der Ebene der Zelle operiert, steht aber von ihren Anfängen an auch Aug' in Aug' mit der biologischen Leitwissenschaft des 20. Jahrhunderts: der *Genetik*. Margulis' Theorie kommt aus dem 20. Jahrhundert. Das ist die Ausgangslage für die Wahrheit der Symbiose als serielle Endosymbiontentheorie.

Seriell heißt die Endosymbiontentheorie darum, weil sie von einer Evolution handelt: einer evolutionären Serie von Endosymbiosen. Die genaue Reihenfolge ist so umstritten wie das ganze Feld der »Eukaryosis«, also der Bildung einer eukaryotischen Zelle. Selten in der Geschichte der Wissenschaften war die Frage nach der Wahrheit so prekär. Kann es überhaupt eine Theorie der Eukaryosis geben, die verifizierbar, sprich: *testable* wäre? Kann man dafür Experimente entwerfen? Oder bleibt die serielle Endosymbiontentheorie ein schöner Serienroman? Und Erzählungen lässt sich Margulis auch in *Der symbiotische Planet* an keiner Stelle entgehen.

Die Rede ist von Ereignissen, die zwischen 1 600 Millionen und 600 Millionen Jahren vor unserer geschichtlichen Zeit stattfanden, also 1 000 Millionen Jahre zwischen dem *origin of life* (*Kapitel 5*), den ersten Bakterien, und der sogenannten kambrischen Explosion mit der Entwicklung von Vielzellern (*Kapitel 6*). Von diesen Zeiten gibt es, weil die hier in Rede stehenden Einzeller keine rigiden Strukturen ausbilden, kaum fossile Zeugnisse. Hypothesen sind auf Rückschlüsse angewiesen, auf »Ähnlichkeiten«, »Erinnerungen«, ausgehend von lebenden, das ist: *jetzt* lebenden Protisten und Bakterien. Diese Gegenwärtigkeit kennzeichnet Margulis' Theorie bis in ihre Grundfesten.

Der erste Schritt, mit dem Margulis' Endosymbiose 1968 ins Wissen tritt, wird in *Der symbiotische Planet* nur noch kursorisch abgehandelt: symbiogenetische Entstehung zweier bekannter Orgänchen, sprich: Organellen der eukaryotischen Zelle, der *Mitochondrien* der atmenden Tiere und der *Chloroplasten* der Photosynthese treibenden, grünen Pflanzen. Dass die Mitochondrien einmal frei lebende Bakterien aus der Gruppe der *Proteobacterien* waren und Chloroplasten aus der Gruppe der *Cyanobakterien* kann seit Ende der 1970er Jahre auch genetische Beweise verbuchen: Die Organellen besitzen eine eigene DNA und teilen sich nach eigenem Rhythmus. Dieser erste Siegeszug der Theorie setzt die Wahrheitskriterien für alles Weitere, doch hängen schon am ersten Schritt der Endosymbiontentheorie die vielleicht fundamentalsten Verfasstheiten oder Seinsweisen der Lebewesen. Sofern sie »Stoffwechsel« treiben, *gären* sie oder *atmen* sie oder *lichten* sie, sprich: treiben Photosynthese. An der Herausbildung der Mitochondrien *atmender* tierischer Zellen und den Chloroplasten *lichtender* pflanzlicher Zellen hängt nicht weniger als die sogenannte »Grundgleichung des Lebens«.[8] Die Endosymbiontentheorie darf sich also aus gutem Grund mit Darwin messen und begründet schon in ihrem ersten Schritt Gaia. Denn deren Basis sind bio-geochemische Stoffzyklen (Schwefel, Sauerstoff, Kohlenstoff, Stickstoff) gärender, atmender und photosynthetisierender Lebewesen. Als *Der symbiotische Planet* 1998 erscheint, hängen daran über 30 Jahre Forschung.

»Aber für Margulis«, so ihr Kollege Jan Sapp, »war die Revolution noch nicht vollständig.« Denn eine Theorie von der Genese der eukaryotischen Zelle ist ohne den Kern der Sache fast nichts: Genese des Zellkerns, Genese der Teilung von Zellkern und Zelle, von Mitose und Meiose samt aller Proteine und Nukleinsäuren, die sie in Gang setzen.

Jan Sapp beschreibt 1999 das prekäre Wissen von diesem Geschehen und seinen zentralen Strukturen, *Centriolen* und *Mitose-Spindel*.[9] Erst der Schritt von der Lichtmikroskopie zur Transmissions-Elektronenmikroskopie machte in den 1950er Jahren einen Aufbau der beteiligten Strukturen mikroskopisch sichtbar: Proteinröhrchen mit einer gleichbleibenden Struktur von neun Tubulin-Molekülen plus zwei Tubulin-Moleküle in der Mitte. Diese *Mikrotubuli* genannte Struktur ist universal und findet sich in sehr vielen Bewegungsproteinen (*motility proteins*), von den geißelförmigen, schlagenden Fortbewegungsorganen, den *Undulipodien*, eukaryotischer Einzeller, den Härchen (*Cilien*) der Wimperntierchen, mit denen sie sich bewegen oder Nahrung einstrudeln, bis zu den sensorischen Härchen etwa im Ohr der Vielzeller

---

8 $6\,CO_2 + 6\,H_2O/C_6H_{12}O_6 + 6\,O_2$, in die eine Richtung: Photosynthese, in die andere Richtung: Atmung. Die Gleichung schreibt freilich nur den energetischen Teil der Sache an und sagt nichts über den Baustoffwechsel der Lebewesen.

9 Jan Sapp: »Freewheeling Centrioles«, in: *History and Philosophy of Life Sciences*, 20.1998: 255-290.

und den Axonen und Dendriten von Nervenzellen. Die Serielle Endosymbiontentheorie in ihrer extremen Fassung beschäftigt sich ausschließlich mit diesen Mikrotubuli.

Das heißt: Die Sphäre dieses Herzstücks der Theorie sind nicht mehr stabile Kompartimente, sondern ein instabiles Geschehen. »Die Mikrotubuli, dynamisch instabil, brechen zusammen und formen sich um und stellen so die Trennung des Chromatins während Meiose und Mitose sicher.«[10] Es geht nicht um Organe/Organellen, nicht um Werkzeuge (gr. *Organon*) und nicht, mit Heideggers Deutung, um den Organismus als Maschine, sondern um Strukturen der Artikulation organartiger Gebilde, die da sind und wieder verschwinden. Die Endosymbiontentheorie erzählt die Genese dieser Artikulation aus der Assoziation einer unbeweglich gärenden Archaebakterie mit einer hochbeweglichen Bakterie. Letztere schleppt die Proteine ihrer Beweglichkeit in die andere Zelle ein und begründet dort ein ganzes Universum intrazellulärer Bewegungen, bis hin zur Mitose.

Bleibt die Frage: Was an dieser Erzählung, die *Der symbiotische Planet* durch ein Bild stützt,[11] ist zu beweisen? Was heißt hier überhaupt *beweisen*?

Margulis' Wahrheit operiert nicht mit dem, was die Biologie »Modellorganismen« nennt. Ihr Denken fängt mit dem an, was sie weit vor Latour und seiner Akteur-Netzwerk-Theorie »die Geheimagentin« der eukaryotischen Zelle nennt. Sie hat einen Klarnamen: *Pillotina calotermidis* sp. nov., nom. rev.. Das heißt: Die Art ist neu, *species nova*, und wird hiermit umbenannt, *nomen revisum*. Die Geheimagentin ist, auch sie, ein Produkt der 1968er. In eben diesem Jahr nämlich entdeckt eine Wissenschaftlerin, die sich später als Gharagozlou-van Ginneken einen Namen in

10 Hannah Melinitsky, Fredreck A. Rainey, Lynn Margulis: »The Karyomastigont Model of Eukaryosis«, in: Jan Sapp (ed.): *Microbial Phylogeny and Evolution: concepts and controversies*, Oxford 2005, S. 261–280, 270.

11 Siehe S. 61.

der Erforschung von Ruderfußkrebschen machen wird, »im Enddarm einer obskuren Termite, *Calotermes praecox*«, die Spirochaete *Pillotina calotermidis*. Aber leider gibt es diese Termite nur auf der bewaldeten Spitze der atlantischen Insel Madeira, deren Namen auf Spanisch mit ihrem Bewuchs zusammenfällt – Spanisch *madeira* heißt *Holz*. Den Termiten, die diese Insel bewohnen, bleibt also gar nichts anderes, als von trockenem Holz zu leben. Nur hält ihre exzentrische Herkunft die Forschung jahrelang vom Studium der *Pillotina* Spirochaeten ab. Es sind einfach keine Termiten aus Madeira zu beschaffen. Erst als man mit einer unterirdischen Termite Nordamerikas zu experimentieren beginnt, in ihrem Darm lange Spirochäten entdeckt, mikrographische Fotos davon anfertigt und eine 25-jährige Biologin bei ihrer Durchsicht bemerkt, dass die »Spirochäten denen von Gharagozlou extrem ähnlich, wenn nicht identisch« sind – erst dann fängt das reale Studium an allen nordamerikanischen und europäischen Termiten und ihrer Spirochaeten-Symbionten an. In 30 Arten von Termiten, die trockenes oder nasses Holz fressen oder im Boden leben, ist *Pillotina* zu finden (Stand von 1993). Aus solchem Holz ist die Symbiogenesetheorie geschnitzt oder herausgefressen.

Die Termiten – die niederen, nicht die höheren – sind der Ort, an dem sich der Kern von Margulis' Endosymbiontentheorie entwickelt und zu dem sie immer wieder zurückkehrt. In dieser Umgebung ohne Licht und Sauerstoff im Darm der holzfressenden Termiten entscheidet sich die Theorie. Symbioseforschung nach Margulis, heißt das, geht durch alle Ebenen, von der Proteinforschung bis zu den Tieren, den Termiten, die ihre steile und katastrophale Karriere dem »Planet der Rinder« verdanken, also der globalen und industriellen Rinderwirtschaft. (Auf Weiden und Äckern für Soja im gerodeten brasilianischen Urwald wachsen Termitenhügel in einem Ausmaß wie bei uns Maulwurfshügel.) Die zärtlichste Hommage an einen Wissenschaftler hat Margulis 2006 über den berühmten Protistologen Lemuel Roscoe Cleveland verfasst, der die im Termitendarm lebenden Einzeller erforschte. Schon Maurice Maeterlincks *Das Leben der Termiten* (1927) singt auf ihn Hymnen.

Um die Jahrtausendwende kommt ein weiterer symbiotischer Schauplatz ins Spiel. Er trägt russische Namen. Seit 1993 forscht eine Gruppe von Mikrobiologinnen und Mikrobiologen um Galina A. Dubinina und Anatoly M. Lysenko an der Moskauer Universität an Spirochaeten, die in einer weißen schleimigen Masse leben und an sechs Orten Russlands zu finden sind: die schwefelhaltigen, Stoffwechsel mit dem Schwefel treibenden Mikrobenmatten *Thiodendron latens*, die Boris V. Perfil'ev 1969 zum ersten Mal beschrieben hatte. Dubininas entscheidende Arbeiten von 1993 werden bei Margulis durchgehend auf Englisch zitiert. Doch *Mikrobiologija*, Moskau, kennt nur einige Zeilen englisches Resümee, die Arbeiten selbst sind nur dem symbiotisch operierenden Margulis-Team mit seinen russischsprachigen Mitarbeitern zugänglich. Auch die Wahrheit der Symbiose ist Wissenspolitik.

Bleibt die Wette: Kann nun die Serielle Endosymbiontentheorie, extreme Version, zehn Jahre später, wie Margulis es in *Der symbiotische Planet* prophezeit, und heute, zwanzig Jahre später bewiesen werden?

2005 und 2006, acht Jahre nach *Der symbiotische Planet*, legt Margulis, umgeben von zahlreichen Forscherinnen und Forschern, in mehreren Arbeiten einen neuen Stand der Forschung vor. 2011, im gleichen Monat, in dem Lynn Margulis der plötzliche Tod ereilt und ihre Asche im *Puffers Pond* beigesetzt wird, erscheint – vor allen leidenschaftlichen Nachrufen – in *Symbiosis* eine Arbeit: »Beitrag der Spirochaeten zum eukaryotischen Genom«.[12] Nach Strich und Faden der Genomics, wie sie sich durch

---

12 John L. Hall: »Spirochete contributions to the eukaryotic genome«, in: Symbiosis, 54.2011: S. 119–129

Sequenzierungs- und Genomprojekte seit den 1970er Jahren entwickelt haben, berichtet John L. Hall über die ersten Versuche, zu beweisen, dass Teile des eukaryotischen Genoms homolog mit Teilen des Spirochaeten-Genoms sind.

Einerseits also wäre damit die Wahrheit der Symbiogenese genau dort angekommen, wo jeder Algorithmus sitzt, der die suchenden Giganten des digitalen Kapitalismus, deren Mutterholding nicht umsonst »Alphabet« heißt, so mächtig und große Datenmengen so wertvoll macht. Aber auch jüngere neokybernetische Schulen um Bruce Clarke und Erich Hörl situieren Margulis' Einsatz dort: in der »Autopoiesis« einer sogenannten zweiten Kybernetik, die bei Maturana und Verela aus Computersimulationen entstanden ist. Margulis betont seit den 1980er Jahren immer wieder den autopoetischen Charakter der Evolution, vor allem aber mit Benoît Mandelbrots Mathematik den fraktalen Charakter Gaias: Je weiter man reinzoomt, desto mehr neue Figuren entstehen.

Andererseits aber ist damit die Wahrheitsform von Margulis' Denken in seiner Grundstruktur übersprungen, die sich nirgendwo so vielfältig artikuliert wie in *Der Symbiotische Planet*. Denn die ist bestimmt von der wohl größten denkbaren Verallgemeinerung des Lamarckismus: *exogenous* statt *endogenous*. Damit stehen auch Wahrheitsformen auf dem Spiel. Die Geschichte der exogenen Wahrheitsform hat vielleicht noch gar nicht recht begonnen. Denn sie ruht auf Wesen, die Namen tragen. Es war die erste Definition der Symbiose des Straßburger Botanikers Anton de Bary 1879: »Erscheinungen des Zusammenlebens ungleichnamiger Organismen«. Diese ungleichnamigen Wesen sind es, die einander äußerlich sind, als das Außen exogener Symbiogenesen.

Denn »Spirochäte« sagt wenig, solange wir nicht wissen, welche Art, Gattung, Familie (soweit Bakterien überhaupt in Arten leben und nicht alle Bakterien, nach darwinistischen Maßstäben, eine einzige Art sind – oder alle nur einzelne Exemplare). Es sagt gar nichts, wenn wir nicht wissen, in welchem Einzeller die Spirochäte symbiotisch lebt, in welchem Insekt, in welcher hölzernen Umgebung. Denn die Wette geht darum, ob sich die Agentin einer ersten eukaryotischen Zelle auch wirklich nach Art, Stoffwechsel, Morphologie, Verhalten, Habitat, Ökologie genau bestimmen lässt. Vor allen Theorien und ihren Modellen geht es also um die *Namen* der beteiligten Agenten.

Dieses namentliche Wissen ist frei zugänglich (jedenfalls solange es öffentliche, wenn auch gesponserte Bibliotheken gibt). Warum ausweichen auf Modelle und Theorien, wo die Wahrheit der Lynn Margulis darin liegt: *Handbook of Protoctista*, 909 Seiten (1990); *The Prokaryotes*, vier Bände, 5 000 Seiten (1992); *Encyclopedia of Microbiology*, drei Bände, 1 900 Seiten (1992), Auflage von 2000: vier Bände, 3 850 Seiten – und so weiter. Margulis hat für alle diese Werke geschrieben, sie benutzt und zum Teil selbst herausgegeben. *Das* ist die Wahrheit des symbiotischen Planeten und nicht nur eine Fülle schöner Beispiele für ihn. Und darin finden sich auch Wahrheiten, deren Struktur und vielleicht Nützlichkeit wir noch nicht kennen. Denn am Ende werden uns wohl nur die Einzeller aus dem Schlamassel holen.

Peter Berz ist Privatdozent der Kultur- und Medienwissenschaften (Humboldt Universität Berlin). Forschungsschwerpunkt: Biologische Medientheorie. Zuletzt erschienen: Respondenz zu Oliver Primavesi Tetraktys und Göttereid *(2017),* Mitogenetische Strahlen und morphogenetische Felder. Die mythogene Biologie des Aleksandr Gavrilovič Gurvič *(2015) sowie* Die Identität der Amoeben *(2013).*